Carsten Bothe

DER MANN UND SEINE AXT

Bau, Handhabung, Pflege

Land & WERKEN

HEEL

HEEL Verlag GmbH
Gut Pottscheidt
53639 Königswinter
Tel.: 02223 9230-0
Fax: 02223 9230-13
E-Mail: info@heel-verlag.de
www.heel-verlag.de

2. Auflage 2020

Autor: Carsten Bothe
Satz und Gestaltung: gb-s Mediendesign, Königswinter
Coverdesign: Axel Mertens, Königswinter
Lektorat: Helge Wittkopp, Laura Wika von Czarnowski

Fotos: © Kais Bodensieck, www.fotodesign-xtrascharf.de
Mit Ausnahme von:
© Carsten Bothe: S. 12/13, 15-20, 25 u, 32, 53 o, 59 o, 69, 75-78
© Fotolia.de: kopitinphoto (U1), Georg (S. 8), Andy Ilmberger (S. 9), esben468635 (S. 10), pusteflower9024 (S. 38), WideAwake (S. 41), annavolotkovska (S. 72)
© STIHL: S. 28, 30 (beide Fotos o)

Warnhinweis:
Das Werken mit Äxten, Sägen und anderen Werkzeugen birgt gewisse Risiken. Etliche Ratschläge und Anleitungen können bei fehlerhafter Ausführung unter bestimmten Umständen zu erheblichen Folgeschäden führen. Autor und Verlag lehnen daher ausdrücklich jede Haftung für die veröffentlichten Arbeitsanweisungen und daraus gefolgerte Schlüsse ab. Beachten Sie bei Aktivitäten in der freien Natur auch immer die jeweiligen Bestimmungen des Natur-, Pflanzen- und Tierschutzes sowie die geltende Waffengesetzgebung. Bei allen anhand dieses Buches ausgeführten Arbeiten trägt der durchführende Holzhauer das alleinige und uneingeschränkte Risiko. Ebenso ist die Haftung des Autors und Verlags für Druckfehler, Schreibfehler und sachliche Fehler jeder Art ausdrücklich ausgeschlossen.

Printed in Slovakia

ISBN 978-3-95843-177-5

Inhalt

Vorwort

Liebe Leser und Hobby-Holzhauer,

seit ich denken kann befasse ich mich neben Messern mit Äxten und Beilen. Noch heute nutze ich regelmäßig ein Beil, das ich während meiner Schulzeit auf der Suche nach der „Besten Axt der Welt" recherchiert habe. Der Kopf wurde nach meinen Vorgaben von einem befreundeten Schmied aus Eisen mit eingelegter Stahlschneide hergestellt. Der Stiel wurde von mir selber angefertigt und schließlich eingestielt. Inzwischen hat sich auf dem Gebiet einiges getan. Wenn ich meinen Tomahawk aus den frühen 1980er Jahren ansehe, dann kann ich kaum glauben, dass heute fast jede große Messerfirma solche Stücke im Programm haben „muss". Und wenn man sich den Siegeszug der schwedischen Firma Gransfors Bruks anschaut, dann ist man gewillt zu sagen, dass die Axt wieder einen festen Platz in vielen Geräteschuppen und/oder im Rucksack eines jeden Waldläufers gefunden hat.

Apropos: Mit der Bushcraft-Bewegung hat sich auf dem Markt der Äxte etwas Grundlegendes geändert. Die Kunden kaufen heute eine Axt, weil sie Holz bearbeiten wollen. Sie kaufen keine Axt, weil sie im Baumarkt vor der Kasse für unter fünf Euro angeboten wird und man sie „dafür ruhig mitnehmen" kann.

Je mehr Menschen sich mit Äxten befassen und die Funktion verstanden haben, desto mehr qualitativ und funktional hochwertige Äxte halten sich auf dem Markt. Und durch das größere Programm und die

allgemeine Verfügbarkeit kommen noch mehr Menschen mit diesen hochwertigen Werkzeugen in Kontakt. Das erweitert wiederum das Programm noch weiter.
Dieses Büchlein soll aber auch für denjenigen eine Hilfe sein, der nur ab und zu ein paar Meter Holz für den eigenen Kamin macht. Oder der eine alte Axt geerbt hat und diese aus sentimentalen Gründen weiterverwenden will, weil sie eben vom Großvater stammt.
Ich finde, dass das eine schöne Entwicklung ist und ich möchte mit diesem Buch das Wissen um die Axt und deren Verwendung nicht nur konservieren, sondern die Möglichkeit schaffen, dass andere interessierte Menschen sich in das Thema einarbeiten können. Es kann dem Markt nur gut tun, denn das schafft noch mehr Angebot und der Markt wächst und ist interessant. Jeder Käufer findet genau die Axt, die er haben möchte und die zu ihm passt und muss sie sich nicht selber machen – wie ich damals 1980.

Herzlichst, Ihr

Carsten Bothe

Helko Werk
Orig. USA-Hickory
INDIANA

Kaufberatung

Wenn man nicht weiß, worauf man achten muss, ist in Deutschland eine vernünftige Axt nicht leicht zu bekommen. Meist sind die Eisen zu schwer und die Stiele zu kurz. Eine gute Axt kann ein langes Messer ersetzen und man kann damit beispielsweise Nägel einschlagen – das ist ein Vorteil gegenüber einem langen Messer. Die Axt erzielt ihre Wirkung durch die Geschwindigkeit des Schlages, nicht so sehr durch das Gewicht des Eisens. Sicherlich gehört auf einen groben Klotz ein grober Keil, aber beispielsweise bei einer Wildnisreise gibt es keine groben Klötze zu spalten.

Die Axt erzielt ihre Wirkung durch die Geschwindigkeit des Schlages, nicht so sehr durch das Gewicht des Eisens.

Das Gewicht einer „Reiseaxt" sollte nicht über 500 Gramm liegen, der Stiel jedoch so lang wie der Arm des Benutzers sein. Mit einer solchen Axt kann man einerseits schnelle Schläge ausführen, weil der lange Stiel ordentlich „Zug" hat, andererseits lässt sich die Axt sehr kurz hinter dem Eisen fassen und der lange Stiel balanciert das Werkzeug aus. Auf diese Weise ist die Axt auch für sehr genaues Arbeiten geeignet. Wichtig ist ein sehr schlankes, aber nicht dickes Blatt. Dadurch kann die Axt besser in das Holz dringen, denn sie soll schneiden und nicht durch Keilwirkung spalten.

Die Entwicklung der Axt

Eines der ersten Werkzeuge des Menschen war der Faustkeil aus einem grob zugeschlagenen Stück feinkörnigem Stein – seltener auch aus Feuerstein. Das war quasi der Vorläufer der Axt, aus der sich das heute bekannte Schlagwerkzeug entwickelt hat, indem die „Schneide" breiter und stabiler wurde. Die andere Spezialisierung erfuhr der Faustkeil, indem man ihn schlanker und schmaler machte, um den Vorläufer des Messers zu schaffen. Der Faustkeil besaß, wie der Name schon sagt, keinen Griff oder Stiel, denn die Hand und der Arm waren ausreichend. Mit der Zeit – in hunderttausenden von Jahren – entwickelte sich der Mensch weiter, wurde geschickter und fertigte zunehmend feiner gearbeitete Werkzeuge. Irgendwann im Dunkel der Geschichte wurden die Faustkeile dann geschäftet und zu reinen Schlagwerkzeugen weiterentwickelt. Die andere Richtung, Steinmesser mit einer scharfen Klinge, hatte sich bereits abgespalten.

Steinkeil

Der Steinkörper, der „Kopf", wurde auf drei verschiedene Weisen geschäftet: Bei der aufwendigsten wurde er gelocht und ein Stiel hinein geschoben – die Archäologie nennt diese Objekte Axt. Dann gab es die

Faustkeil

Möglichkeit, den Steinkörper in ein Loch oder eine Kerbe im Stiel zu schieben und zu sichern. Das ist am Relikt daran zu erkennen, dass die „Klinge" keinerlei äußere Kerben etc. aufweist. Der Körper keilt sich ganz von selbst fest und wurde gegebenenfalls durch einen Kleber aus Baumharz und Holzkohle festgehalten. Bei dieser Art lässt sich nur schwer sagen, ob die Klinge in Richtung des Stiels oder quer dazu als Dechsel geschäftet wurde, denkbar und machbar ist beides – die Archäologie nennt diese Objekte Beil. Bei der dritten Variante wurde ein knieförmig gebogenes Holz oder ein Stamm mit einem passend abstehenden Ast verwendet und die Klinge auf den abgeflachten Teil des Astes gebunden. Für das Aufbinden bot sich feuchte Rohhaut an, die sich beim Trocknen zusammenzieht und einen festen Sitz des Steinkörpers garantiert.

Auch lange nach der Entdeckung von Eisen waren die Schäftungen den der Steinwerkzeuge ähnlich.

Auffallend ist, dass auch lange nach der Entdeckung bzw. Erfindung von Kupfer, Bronze und Eisen die Schäftungen noch immer ähnlich wie bei Steinwerkzeugen ausgeführt wurden.

Mit der Verwendung von Kupfer und Bronze wurden die Köpfe von einigen Axtmodellen filigraner und verzierter, sodass man davon ausgehen kann, dass diese nur noch rituellen Zwecken dienten. Bei der als Ötzi bekannten Gletschermumie hat man ein Kupferbeil gefunden, welches bei der Aufklärung der Todesumstände eine wichtige Rolle spielen könnte. Diese Axt stellte für die damalige Zeit einen immens wertvollen Schatz da und wirft bis heute die Frage auf, warum der Täter, der

Ötzi mit einem Pfeil in den Rücken schoss, sie nicht mitgenommen hat. Vermutlich, weil eine so seltene und wertvolle Waffe den Täter verraten hätte. Erstaunlich ist auch, dass Kupfer vor allem für Äxte, aber nicht so sehr für Messer – die sich aus dem Metall wesentlich besser herstellen lassen als aus Stein – verwendet wurde. Mit der Erfindung der Bronze wurden dann, neben der Axt, auch Messer, Dolche und Schwerter aus dieser neuen Legierung gefertigt. Inzwischen hatte sich das Verhütten von Kupfer und anderen Metallen aber so weit durchgesetzt, dass es ausreichend zur Verfügung stand und auch für profane Dinge eingesetzt werden konnte. Nichtsdestotrotz wurde Stein als Material für Messer und Äxte noch lange bis in die Eisenzeit hinein verwendet.

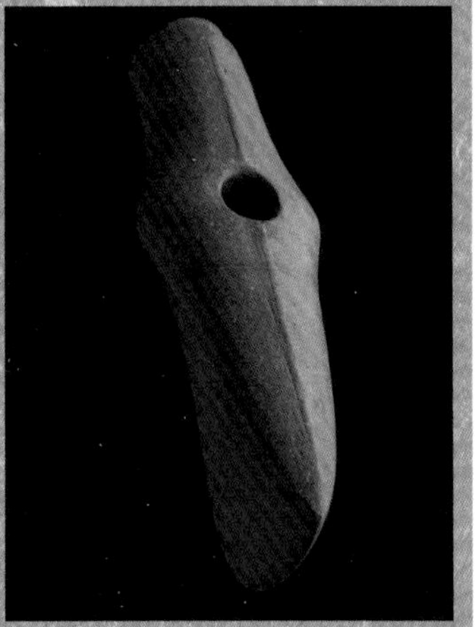

Prähistorische Axt

Die ersten Klingen aus Stein, Kupfer, Bronze und Eisen waren sich in ihrer Form alle recht ähnlich, da sie alle dem gleichen Zweck dienten: Holz zu hacken. Lediglich Steinäxte mussten aufgrund der schlechten Bruchfestigkeit vergleichsweise dick gefertigt werden, was die Funktion insofern beeinträchtigte, dass die Klinge bei einem Hieb nicht so tief in das Holz eindrang wie eine dünnere Klinge aus Metall.

Von der Universalaxt ging die Spezialisierung in zwei Richtungen: Spalten oder schneiden. Die Spaltäxte sind besonders keilförmig und zum Schneiden kaum mehr geeignet. Die Äxte zum Schneiden lassen sich wiederum anhand Ihres Blattes unterscheiden: Ein breites Blatt eignet sich, um besser treffen zu können und ein schmales, langes Blatt, um tiefer in den Fallkerb hacken zu können.

Vielen heutzutage gefertigten Äxten kann man ansehen, dass sie optimiert wurden, um sich effizient produzieren zu lassen und weniger, um einen bestimmten Nutzen zu erfüllen. Im Baumarkt hat eine Axt ihren Zweck erfüllt, wenn sie gekauft und bezahlt wurde.

Traditionell wird für den Großteil einer handwerklich hergestellten Axt weiches Eisen verwendet und die harte Schneide entweder eingesetzt oder vorgeschuht. Das kommt noch aus der Zeit, als Stahl viel teurer als Eisen war, denn so konnte man Material sparen. Sobald die Axt abgenutzt war und das weiche Material zum Vorschein kam, wurde sie wie selbstverständlich beim Schmied im Dorf wieder erneuert, indem im Schmiedefeuer einfach ein Stück Stahl aufgeschweißt wurde.

Die Axt wurde im Laufe der Geschichte aber auch zur Waffe. Die Äxte der Wikinger sind sicherlich bekannt, aber auch die Wurfaxt „Franziska" der Franken gehört dazu. Bei einer Wurfaxt ist keine andere Verwendung als das Werfen möglich. Bei den Langäxten der Wikinger hingegen

handelte es sich zum Großteil um ganz normale Äxte für die Waldarbeit, die nur mit einem längeren Stiel ausgestattet wurden, wenn es auf Raubzug ging. Ein Schwert diente hauptsächlich repräsentativen Zwecken, eine Axt wurde zur Arbeit hergestellt. Das Schmieden eines Schwertes ist auch ungleich schwieriger als das Schmieden einer Axt, die jeder Dorfschmied fertigen konnte. Aus den Langäxten entwickelten sich dann Stangenwaffen wie die Hellebarde.

Bei der Entwicklung der Axt darf auch das Werkzeug des Henkers nicht vergessen werden. In modernen Filmen kann diese Axt nicht groß genug sein, mit einem geschwungenen Blatt und möglichst langem Stiel. Das möchten aber nur Dramaturgen so haben, ein Henker – und das sieht man auf zeitgenössischen Abbildungen – nutzte ein Beil mit einer langen, geraden Schneide und einem kurzen Stiel, ähnlich der Breitaxt eines Zimmermanns. Nur damit ist ein präziser Schlag möglich und die gerade Schneide liegt sauber auf dem Klotz auf und schneidet komplett von vorne bis hinten auf ganzer Länge.

Links: Axt mit aufgeschweißtem Stahl

Form folgt Funktion

Viele Benutzer versuchen die Griffigkeit des Stiels zu verbessern, indem sie ihn mit einem Band umwickeln oder mit Rillen oder Kerben versehen. Das sieht zwar schneidig aus, zeugt aber davon, dass der Benutzer die Funktion nicht verstanden hat. Deshalb findet man so etwas auch niemals an Äxten, die von Holzfällern im täglichen Einsatz geführt werden.

Wie ist eine Axt aufgebaut?

Der Kerl ist so hilfreich wie eine Axt ohne Eisen, an der der Stiel fehlt.

Eine Axt besteht aus nur wenigen Teilen, eigentlich nur aus Stiel und Klinge. Im Laufe der Jahrhunderte kamen nur wenige Teile dazu, beispielsweise ein Keil oder ein Schutz für den Stiel. Die Tatsache, dass sich die Form und der grundlegende Aufbau über die Zeit nicht verändert haben, zeugt von der Ausgereiftheit dieses Werkzeugs.

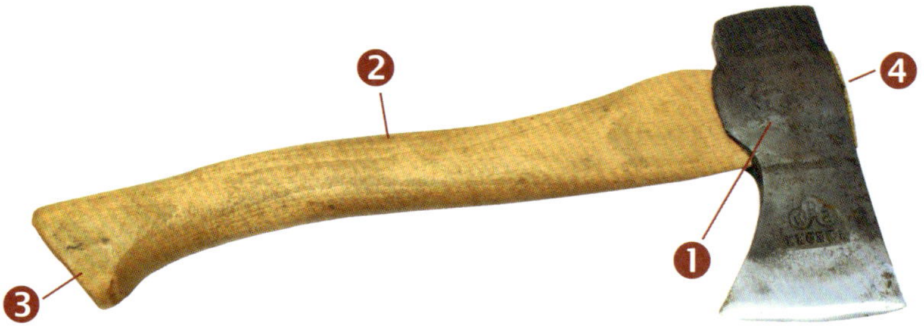

❶ Das Eisen/Kopf/Haupt

Die Klinge einer Axt besteht aus Eisen (weich, ohne Kohlenstoffanteil) oder Stahl (härtbar, mit Kohlenstoffanteil) oder einer Klinge aus Eisen, an dem an der Schneide ein Stück Stahl „befestigt" ist. Der metallische Teil einer Axt wird – unabhängig vom tatsächlichen Material oder Aufbau – als „Eisen" bezeichnet. Quasi als „Pars pro Toto".

❷ Der Stiel/Schaft

Der Stiel einer Axt besteht traditionell aus Holz. Nicht nur, weil das schon immer so war, sondern weil sich dieses natürliche Material bestens bewährt hat, griffig ist und Erschütterungen abfedern kann. Darüber hinaus kann man einen Holzstiel selber anfertigen. Einige Firmen bieten inzwischen Äxte mit Stielen aus Fieberglas oder anderen Kunststoffen an. Der Stiel einer Axt kann entweder gerade sein, wie bei einem Tomahawk oder einer zweischneidigen Axt, oder einfach geschwungen (was heutzutage fast nicht mehr vorkommt), oder zweifach geschwungen, der sogenannte Kuhfuß-Stiel. Eine Besonderheit bilden die Behau- oder Zimmermannsäxte, deren gerader Stiel seitlich gebogen ist, damit man die Seite eines Balkens behauen kann, ohne mit den Händen an den Balken zu kommen.

❸ Der Stielknauf

Der Axtstiel ist am unteren Ende, an dem die eine Hand anliegt, praktischerweise deutlich verdickt. So kann die Hand nicht abrutschen und die Axt nicht wegfliegen. Der Stiel ist bis zum Eisen im Querschnitt oval wie ein Ei ausgeformt, sodass die zweite Hand hier bequem hin- und hergleiten kann. Der Teil im Haus des Eisens ist je nach Axt oval oder dreieckig.

❹ Das Auge/Öhr

Der Stiel ist im Auge des Eisens verankert. Dabei kommen die verschiedensten Verfahren zur Anwendung, von ganz einfachen Versionen, bei denen sich der Stiel nach unten hin verjüngt, das Eisen dann von oben eingesteckt wird und sich durch die Fliehkraft selber festsetzt, über verschiedene Keile bis zu ausgefeilten Schraubverbindungen oder quersitzenden Bolzen. Die beste Lösung ist ein passender, trockener Stiel und ein richtig guter Keil.

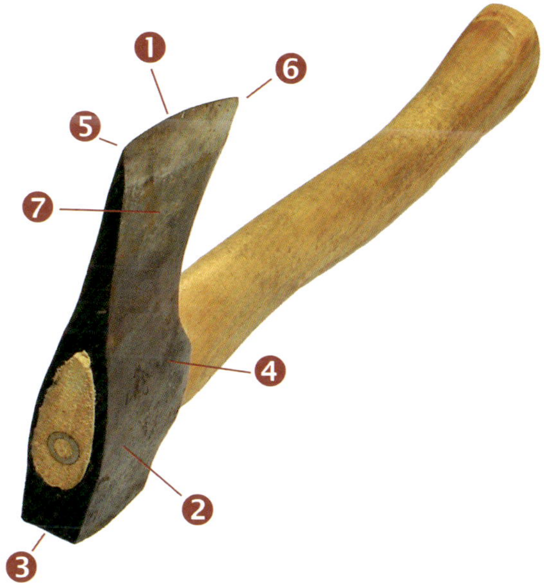

Eine Blechmanschette schützt den Stiel. Sie ist bereits vom Stielhersteller am Holz befestigt. Selbstgemachte Manschetten halten meist nicht.

❶ Die Schneide

Der wichtigste Teil einer Axt ist unzweifelhaft die Schneide. Je nach Einsatzzweck ist diese mit geraden Seiten ausgeführt oder sie beschreiben einen Kreisbogen – das wird als ballig bezeichnet. Zimmermannsäxte besitzen auch Schneiden, die an einer Seite flach und nur von einer Seite angeschliffen sind, wie ein Stechbeitel oder eine Hobelklinge.

❷ Das Haus/Schulter

An die Schneide grenzt das Haus, das im Auge den Stiel aufnimmt, wobei ovale Augen bei amerikanischen Äxten und dreieckige in Europa üblich sind. Das hängt mit der Herstellung der Äxte zusammen: die amerikanischen werden aus einem dicken Stück gefertigt, das in der Mitte gelocht und mit einem ovalen Dorn aufgetrieben wird. Die europäische

Methode ist, ein flaches Eisen auszuschmieden und dann über die Mitte bzw. einen dreieckigen Dorn zusammenzuklappen und an der Schneide feuerzuverschweißen.

❸ Der Nacken/Schlagplatte

Nach dem Haus kommt auf der gegenüberliegenden Seite der Schneide der Nacken. Dieser ist nicht zwangsläufig dazu da, um damit intensiv zu hämmern, denn dazu muss eine gehärtete Hammerbahn aufgeschweißt werden. Er dient vielmehr dazu, die Schneide auszubalancieren. Bei doppelschneidigen Äxten gibt es logischerweise keinen Nacken, denn dort sitzt ja die zweite Schneide, welche die andere Schneide ausbalanciert.
Beile besitzen hingegen meist eine große oder breite Schneide und wenig Nacken, da diese mit dem kurzen Stiel besonnen geführt und nicht kraftvoll geschwungen werden. Hier ist die Balance nicht so entscheidend, weil die Form des oval abgeflachten Stiels verhindert, dass sich die Klinge beim Schlag wegdreht.

❹ Die Ohren

Das Eisen kann am unteren, dem Stiel zugewandten Ende am Haus zwei Ohren besitzen, die nicht unbedingt zur Funktion beitragen, aber auf jeden Fall gut aussehen. Früher hat man dadurch das Haus verlängert, ohne zu viel von dem wertvollen Material zu benötigen.

❺ ❻ Die Zehe und Ferse

Die Ecke der Schneide, die zum Griffende zeigt, heißt Ferse, die andere Zehe.

❼ Wange

Die beiden Seiten der Klinge heißen Wangen.

Unterschied Eisen und Stahl: **Eisen ist ein chemisches Element, das – so die Definition eines Elements – sich nicht aus anderen Elementen herstellen lässt. Eisen ist relativ weich und als Klingenmaterial nicht gut geeignet. Legiert man das Eisen mit Kohlenstoff, so verändert es seine kristalline Struktur und wird hart. Dieses Eisen mit Kohlenstoffanteil wird Stahl genannt. Dem Stahl können noch andere Dinge zugemischt werden, wie beispielsweise Chrom, der dafür sorgt, dass der Stahl rostfrei wird.**

Die verschiedenen Arten und Formen von Äxten und Beilen

Wie schon angesprochen hat sich die Axt über Jahrtausende entwickelt. Waren in der Steinzeit noch alle Äxte relativ identisch, weil das Material,

der Stein, keine dünneren Klingen zuließ, konnten Äxte aus Eisen die unterschiedlichsten Schneid- und Spaltaufgaben übernehmen.

In alten Axt-Katalogen aus Amerika finden sich hunderte von verschiedenen Formen für Äxte und Beile und das nur bei einem einzigen Hersteller – und es gab hunderte Firmen, die Äxte hergestellt haben. Damals wurden die Äxte meist von Hand geschmiedet, sodass die Rüstzeiten und Kosten für Gesenke gering waren. Heute werden die meisten Äxte industriell für den Massenmarkt gefertigt, sodass sich die Firmen auf wenige Dutzend, wenn nicht sogar noch weniger, Formen beschränken. Im Gegenzug werden sie in großen Stückzahlen zu günstigen Preisen und meist mangelhafter Qualität produziert. Der Massenmarkt fordert und fördert das und in asiatischen Ländern ist die Produktion meist auch noch billiger.

Viele traditionelle Axtformen haben sich im Laufe der Zeit in verschiedenen Regionen herauskristallisiert und werden auch nach der jeweiligen Region benannt, da gibt es beispielsweise die „Oberharzer" oder „Rheinische Form", in Amerika das „Pennsylvania Pattern" oder das „Michigan Pattern". Die Form spiegelt dabei die Zusammensetzung der Wälder und die Art der Holzernte in der jeweiligen Region wider. Immer nach dem Motto: „Das Holz formt die Axt". Auch wenn für einen Laien alle Äxte irgendwie gleich aussehen mögen, ein Spezialist sieht nicht nur die Unterschiede bei der Gestaltung des Eisens und des Stiels, sondern er erkennt auch sofort den jeweiligen Einsatzzweck. Bei einer Spaltaxt und einer Axt zum Schnitzen sind die Unterschiede noch offensichtlich, bei den größeren, zum Fällen vorgesehenen Äxten nicht unbedingt. Einige Unterschiede kann man sich aber leicht einprägen: Äxte für weicheres Holz sind etwas dünner

Das Loch im Axtstiel:
Bei einigen Äxten befindet sich unten am Knauf ein Loch, in dem eine Schnur als Fangriemen eingeknotet ist, um daran die Axt aufhängen zu können. Sicherlich kann man die Axt daran aufhängen, aber das ergibt keinen Sinn. Zum einen kann man jede Axt mit dem Eisen über einen Ast oder Haken hängen, zum anderen ist der Knauf wichtig, um die Axt sicher zu halten und fachgerecht zu führen. Ein Loch mit einer Schnur ist im Weg und stört die Hand. In keinen Axtstiel gehört ein Loch.

ausgeschliffen als Äxte für Hartholz, Äxte die als Ergänzung zur Motorsäge gebraucht werden, und mit denen nur ausgeastet wird, besitzen parallele Seiten und mit dem Nacken kann auch der Fällkeil eingetrieben werden. Ein Spezialist hingegen wird nicht nur die Axt genau beschreiben können, sondern auch die Zusammensetzung des Waldes, in dem sich diese Form entwickelt hat. Um im Vorfeld eines klarzustellen: Es gibt keine Axt, die für alles gleich gut geeignet ist, sie ist ein hochspezialisiertes Werkzeug, was sich auch in der Vielfalt der Formen widerspiegelt.

Harzer Form

Typisch für die Harzer Form ist das Blatt mit einer langen Schneide und einem starken „Hang" nach innen. Sehr gut zum Ausasten geeignet. Die spezielle Form der Oberharzer Axt wurde 1937 entwickelt, von dem Forstmeister Holle aus Neuroofen. Es hatte damals auch die Bezeichnung Holle-Beil oder Oberharzer Waldarbeiterbeil, obwohl es sich wegen der Stiellänge um eine Axt handelt.

Rheinische Form

Bei der Rheinischen Form wurde früher oft nur ein einfach geschwungener Stiel benutzt. Die Schneide ist relativ schmal. Eine typische Fällaxt.

Kanadische Form

Die Kanadische Form hat sich seit Jahrhunderten nicht wesentlich verändert. Typisch sind das ovale Auge und die Tatsache, dass das Blatt und das Haus etwa gleich hoch sind. Der Nacken ist sehr schmal, dafür aber lang, und eignet sich deshalb nur sehr schlecht zum Hämmern. Die Wange der Axt hat ihren dicksten Punkt im vorderen und oberen Drittel. Die Axt kann somit immer nur an einem Punkt im Holz klemmen und nie flächig. Dadurch kann sie schnell wieder befreit werden. Der Schliff an der Schneide sieht fächerförmig aus, weil die Schneide parallel, die Wange aber stark ballig ist. Die Kanadische Form hat ein relativ geringes Gewicht, einen langen Stiel und ein schmales Blatt. Die Axt wurde zum Holzfällen und Schneiden entwickelt.

Berliner Form

Die Berliner Form kann man mit Fug und Recht als typisch deutsche Axt bezeichnen. Das lange Blatt und das Haus bilden oben eine gerade Linie, nach unten wird das Blatt weiter. Die Berliner Axt mit einem langen Stiel ist eine typische Axt zum Fällen.

Bartaxt /-beil

Besonders auffällig ist die lange Schneide, wobei versucht wurde möglichst viel Material einzusparen und die Balance zu erhalten. Für besonders feine Arbeiten kann man die Bartaxt hinter der Schneide fassen, weil man durch den Ausschnitt der Klinge weiter oben greifen kann als bei Äxten üblich. Trotz ihres martialischen Aussehens sind diese Äxte gut im Alltag zu gebrauchen und sicher zu verwenden.

Handbeil

Die kleinen Handbeile – auch als Küchenbeile bezeichnet – finden sich in fast jedem Haushalt. Ein gutes Handbeil leistet auch gute Dienste, da es mit dem kurzen Stiel treffsicher zu führen ist und man mit diesem Werkzeug sogar starke Nägel einschlagen kann.

Spaltaxt

Eine Spaltaxt ist stark keilförmig geschliffen und hat mit etwa drei Kilogramm ein hohes Gewicht. Man kann mit ihr nicht gut schneiden, dafür ist sie umso besser für das Spalten von Holz zu gebrauchen.

Iltisaxt

Das Besondere an dieser Axt sind die parallelen Seiten des Blattes. Dadurch entfällt das langwierige Ausdünnen der Wangen beim Schleifen. Die Axt dringt tiefer ein, fördert dafür aber den Span schlechter. Sie ist aber beim Abschlagen von unterarmdicken Ästen unschlagbar. Der richtige Einsatz für die Iltisaxt ist das Entasten gefällter Bäume. Sie wurde zuerst von der Firma Ochsenkopf hergestellt, inzwischen wird sie aber unter anderem Namen und leicht geänderten Formen von vielen Firmen angeboten, auch weil sie eine gute Ergänzung zur Motorsäge ist.

Behaubeil/Zimmermannsaxt

Diese Axt zeichnet sich dadurch aus, dass der Stiel nicht mittig, sondern – je nachdem, ob für Links- oder Rechtshänder – schräg zu einer Seite steht. So kann man dicht an den Balken arbeiten, ohne sich die Haut von den Handknöcheln zu schaben. Die Klinge ist nur von einer Seite geschliffen und dient den Zimmerleuten dazu, aus Stämmen Balken zu hauen. Diese Form wird nur noch von wenigen Spezialisten verwendet. So wurden früher beim Fachwerkbau die Balken nicht gesägt, sondern mit der Axt behauen (aus dem runden Stamm herausgeschlagen). Beim Blockhausbau aus Rundhölzern werden die Passungen ebenfalls nicht gesägt, sondern mit solch einem Beil bearbeitet.

Doppelaxt

Eine Doppelaxt ist der Traum eines jeden richtigen Mannes (oder Kindes?), weil sie so schön martialisch aussieht. Gebrauchen kann sie hier in Deutschland eigentlich niemand. Sie ist ein Spezialgerät für den Einsatz im Forst, wo viel mit der Axt gefällt wird. Der Vorteil ist, dass man an einem Stiel zwei Klingen hat und somit doppelt so lange arbeiten kann, bis das Werkzeug stumpf ist. Der Nachteil ist, dass man keine Hammerfläche hat und dass man keinen geschwungenen Stiel einsetzen kann.

Einige Holzhauer schleifen an die Doppelaxt zwei unterschiedliche Schneidenwinkel, um für Weich- und Hartholz gerüstet zu sein. Diese Axtform ist in Amerika noch weit verbreitet, in der deutschen „Kulturlandschaft" Wald eigentlich völlig unbekannt. In Amerika wurden mit den Doppeläxten selbst sehr große Bäume mit der Hand gefällt. Auch wenn uns Hollywood etwas anderes vorspielt, gab es in den Zeiten der Wikinger oder im Mittelalter fast keine doppelschneidigen Äxte. Und wenn, dann waren es fast ausnahmslos rituelle Äxte, die für einen wirklichen Einsatz nicht geeignet waren. Besonders auf Kreta in der minoischen Kultur hat sich ein regelrechter Kult um die als Labrys bezeichnete Ritualaxt mit zwei Schneiden entwickelt. Sie wurden als kleine goldene oder silberne Anhänger getragen und auch als Amazonenaxt bezeichnet. In der heutigen Zeit hat sich die Doppelaxt als Sportgerät zum Axtwerfen einen festen Platz in der Produktion aller großen Hersteller erobert.

Spalthammer

Beim Spalthammer handelt es sich um ein Werkzeug, mit dem man im Forst Holz spaltet. Dazu ist der Spalthammer mit einem etwa drei Kilogramm schweren Eisen ausgestattet, das extrem keilförmig ist. Die Schneide ist ausgesprochen stumpf, was aber bei der Verwendung nicht weiter stört. Der Spalthammer wird eingesetzt, wenn Brennholz, in Meterstücken zersägt, auf dem Waldboden liegt. Man tritt an das Zopfende (das Ende mit der Baumkrone) des Stammstückes. Ein Bein steht rechts, eines links der Stammrolle, der Spalthammer wird über den Kopf gehoben und mit Schwung genau in die Mitte des Stammes geschlagen. Durch die Keilwirkung des Eisens reißt der Stamm in der Mitte in zwei Hälften. Sind zu viele Äste in dem Stammstück vorhanden und er spaltet nicht ganz durch, dann tritt man etwas zur Seite, setzt einen Keil in den schon entstandenen Riss und treibt ihn mit den Schlägen der Hammerfläche des Spalthammers ein. Das Holz muss gespalten werden, weil die einzelnen Stücke zu schwer sind, um sich von einer Person bewegen zu lassen. Die gespaltenen Meterenden werden dann gestapelt, indem zwei armdicke Stangen mit dem Spalthammer in die Erde geschlagen werden, zwischen denen dann das Holz lagern kann. Der Spalthammer hat einen geraden Stiel von etwa 80 Zentimetern Länge.

Tomahawk

Der Tomahawk ist ein Beispiel für eine sehr leichte Form einer Axt mit einem langen Stiel. Er hat in den letzten Jahren einen Siegeszug angetreten, sodass kaum eine Messerfirma ohne Tomahawk im Programm auskommt. Ursprünglich wurde er als billige Handelsware bei Indianern gegen Biberpelze getauscht. Der Kopf ist sehr leicht und meist aus einem starken Stück Blech oder Flacheisen geschmiedet. Früher wurde nur das Eisen gehandelt und der Käufer stielte den Tomahawk selbst ein. Durch die spezielle Form des Auges kann ein Stiel, der oben dicker ist, von oben in das Auge gesteckt werden – so entfällt das Verkeilen. Je größer die Fliehkraft, desto fester sitzt das Eisen. Es lässt sich aber auch von unten aufstielen, wie andere Äxte auch. Ein Tomahawk ist nicht besonders treffsicher, weil die lange Klinge leicht schlackert. Man sollte sich bewusst sein, dass diese Klingenform als Waffe und weniger als Werkzeug gedacht war. Weiterhin haben die Indianer meist auch mit der Rückseite, wie mit der bis dahin gebräuchlichen Steinkeule, zugeschlagen.

Wahl der richtigen Axt

In alten Trapperhandbüchern werden der Auswahl der richtigen Axt ganze Kapitel gewidmet – ein Zeichen für die überragende Bedeutung, die der Axt bei der Ausrüstung des Wildnisreisenden zukam. Dabei steht dem Waldläufer nicht alleine die Axt als Schneidwerkzeug zur Verfügung. Es beginnt beim kleinen Taschenmesser für feine Arbeiten und als „letzter Rettungsanker" bei Verlust oder Klingenbruch des Hauptmessers. Das Hauptmesser ist ein stabiles Gürtelmesser mit einer Schneide von zehn bis zwölf Zentimetern. Hiermit werden die meisten Dinge geschnitten. An der weiteren Ausrüstung scheiden sich die Geister. Die einen schwören auf ein schweres und stabiles Camp-Messer, die andere Fraktion möchte eine Axt, ein Beil oder ein Tomahawk dabeihaben. Meiner Meinung nach ist das beste lange Camp-Messer immer noch eine leichte Axt. Je mehr Übung und handwerkliches Geschick ein Waldläufer hat, desto kürzer werden die Messerklingen und desto mehr Schneidaufgaben übernimmt die Axt.

Das beste lange Messer ist eine leichte Axt.

Länge und Gewicht

Bei der Auswahl der richtigen Axt ist auch entscheidend, wie sie mitgeführt werden soll. Wird sie am Gürtel getragen beschränkt sich die Stiellänge auf 30 Zentimeter und das Kopfgewicht auf ungefähr 300 Gramm, evtl. etwas mehr. Trotzdem zieht das ganz schön an der Hose,

denn meist müssen am Gürtel ja noch ein Messer, eine Patronentasche und eine Kurzwaffe Platz finden. Wer dann eine eher ungünstige Figur hat, der muss den Riemen so eng schnallen, dass er schon nach kurzer Zeit Bauchschmerzen bekommt und nach längerer Zeit Scheuerstellen auf der Hüfte. Zieht der Gürtel zu sehr an der Hose, dann muss man zusätzlich auch noch Hosenträger tragen. Alles keine guten Lösungen. Es gibt in der Wildnis keinen Grund, an die Axt so schnell herankommen zu müssen, wie an das Messer oder die Kurzwaffe, also kann sie einfach im Rucksack oder in der Schultertasche verschwinden. Ich selbst hatte jahrelang beim Fallenstellen in Amerika, Kanada und Neuseeland die Axt in einer Scheide an der Rückseite meiner großen Jagdtasche – eher ein Haversack – angebracht, das stört am wenigsten. In Filmen sieht man immer wieder, wie Tomahawks lässig hinten schräg in den Gürtel gesteckt werden. Sieht toll martialisch und praktisch aus und funktioniert bei den stumpfen Filmwaffen auch problemlos, ist aber alles andere als alltagstauglich.

Wenn Sie die Axt in das Gepäck verbannen, dann sind Sie auch freier, was die Wahl der Stiellänge und des Kopfgewichtes angeht. Nicht das Gewicht ist für eine gute Schneideigenschaft verantwortlich, sondern die Geschwindigkeit und die Schärfe des Eisens. Für die Schärfe sind der Schliff und die Gesamtausführung des Eisens verantwortlich, für die Geschwindigkeit sind die Länge des Stiels und die Technik des Axtbenutzers entscheidend. Sie können mit einer Axt mit längerem Stiel auch feine Arbeiten ausführen, hingegen mit einem Beil mit kurzem Stiel nur feine, denn schnelle, wuchtige Schläge sind nicht möglich.

Für eine gute Schneideigenschaft ist nicht das Gewicht, sondern die Geschwindigkeit und die Schärfe des Eisens verantwortlich.

Möchten Sie sich eine Axt kaufen, dann sollten Sie zunächst alles, was es für fünf Euro im Bereich der Baumarktkasse gibt, vergessen. Früher haben noch genug Leute ihr Geld im Wald mit einer Axt verdient und kauften natürlich nur Äxte, die den hohen alltäglichen Ansprüchen genügten. Im Laufe der Zeit wurde die Axtarbeit aber immer mehr von der Motorsäge oder dem Harvester abgelöst. Zusätzlich haben große Baumarktketten die Fachhändler verdrängt. Im Baumarkt zählen bei einer Axt nur ein niedriger Preis und eine gute Marge, aber nicht die Funktion. So verkaufen viele Baumärkte Äxte aus aller Herren Länder, solange diese nur billig produziert wurden und der Preis „20 % auf alles" ermöglicht. Früher wollten die Käufer aber keine Axt kaufen, sondern Bäume fällen, und haben eine Axt gekauft, mit der man Bäume fällen konnte. Heute kaufen viele Leute im Baumarkt Äxte, weil sie meinen eine zu brauchen. Ob die Qualität gut ist, merkt man aber nur dann, wenn man diese auch benutzt. Ich habe schon Äxte im Baumarkt gesehen, deren Schneiden nicht mal geschärft waren, sondern einen ein Millimeter breiten flachen „Streifen" aufwiesen.

Bei Outdoor-Aktivitäten wie Camping, Angeln, Bushcrafting usw. wird mit einer Axt relativ weiches, frisches Holz verarbeitet. Die Beschaffung von Brennholz beschränkt sich hier auf das Sammeln von trockenen, abgestorbenen Ästen, die mit der Kappe der Axt zerbrochen werden. Um für den heimischen Ofen auf Länge gesägtes Holz in passende Stücke zu spalten nutzen Sie eine Spaltaxt, eine Buschcraft-Axt ist dafür nur schlecht geeignet, da sie zu schlank ausgeschliffen ist. Bei dem trockenen und somit harten Kaminholz würde jede Schneide leiden und zu schnell stumpf werden. Für leichte Einsätze im Wald sollte das Eisen der Axt etwa 600 bis 1000 Gramm wiegen und einen Stiel von 60 bis 70 Zentimetern besitzen.

Die ideale Stiellänge hängt von der Körpergröße des Benutzers ab.

Die ideale Stiellänge hängt von der Körpergröße des Benutzers ab, denn er sollte Armlänge besitzen. Um das zu testen, legt man den Knauf der Axt in die Achselhöhle und fasst das Eisen mit der Hand. Ist der Arm dabei ausgestreckt und ruht das Eisen bequem in der Hand, dann ist die Länge des Stiels gerade richtig. Und warum genau diese Länge? Weil der menschliche Körper auch nichts anderes als eine Maschine ist, die Energie in Arbeit umsetzt. Bei diesen Hebelverhältnissen braucht die „Maschine Mensch" am wenigsten Energie für die Arbeit.

Balance

Für ein sicheres und effizientes Arbeiten ist die Balance der Axt besonders wichtig. Um diese zu testen, fasst man die Axt am Stiel nahe am Eisen und achtet darauf, wohin die Schneide zeigt.

Die Schneide sollte gerade liegen, wie in der Abbildung zu sehen ist. Wenn nicht, dann darf sie nur leicht nach oben oder unten zeigen. Das zeugt von der Ausgewogenheit von Schneide und Kappe. Ein zu langes und schweres Blatt hängt nach unten, bei einem zu schweren Haus zeigt das Blatt nach oben. Da der Stiel einer guten Axt eirund ist, kann man ihn nur schlecht führen. Die Balance einer solchen Axt muss daher schon von sich aus passen, denn ansonsten würde die Schneide nach einem

Die obere Axt ist besser ausgewogen, denn die Schneide liegt waagerecht, bei der unteren Axt zeigt die Schneide nach unten.

schnellen Schwung nicht mehr gezielt auftreffen. In diesem Fall würde die Schneide schräg auftreffen und dann entweder abprallen oder ins Holz eindringen, von der Kappe nach vorne gerissen und dadurch an der Schneide beschädigt werden.

Wie ist eine gute Axt aufgestielt?

Der Stiel einer Axt wird nicht einfach nur in das Auge des Eisens geschoben, sondern muss ganz bestimmten Verhältnissen entsprechen, um das oben angesprochene Hebelverhältnis optimal auszunutzen. Bei der Wahl der richtigen Axt ist es wichtig, dass das Eisen den richtigen „Hang" besitzt. Darunter versteht man den Winkel zwischen Eisen und Stiel. Da aber das Eisen sowie der Stiel keine oder nur wenige gerade Kanten besitzen, an denen man den Winkel messen könnte, wird der Hang einer Axt anders ermittelt. Man kann den Hang ganz leicht ermitteln, indem man eine Axt mit der Schneide und dem Knauf aufrecht auf einen Tisch legt. Der Kontaktpunkt der Schneide sollte dann im oberen, also dem Griff abgewandtem, Drittel liegen. Äxte zum genauen Arbeiten, beispielsweise Zimmermanns-Äxte, sollten in der Mitte der Schneide aufliegen. Äxte mit denen man bei starken Bäumen tief in den Fällkerb schlagen muss, sollten im unteren Drittel aufliegen und somit einen „verkehrten" Hang aufweisen. Der richtige Hang sorgt also dafür, dass die Schneide noch etwas besser in den Schnitt gezogen wird, wenn die Klinge in das Holz eintaucht.

Der richtige „Hang" ist für eine Axt entscheidend.

Der richtige Hang einer Axt. Der Auflagepunkt der Schneide ist das vordere Drittel und nicht das hintere Drittel wie bei der grünen Axt.

So muss das Eisen auf dem Stiel sitzen: Die Schneide fluchtet zum Knauf.

Die Schneide einer Axt sollte immer genau in der Mitte stehen. Um das zu überprüfen, hält man das Eisen mit der Schneide nach oben in der Hand, sodass der Stiel von einem wegzeigt. Fluchten Sie nun mit einem Auge über die Schneide, der Knauf muss dann genau in der Mitte stehen und auf keinen Fall schräg.

Bestens gerüstet für einen gemütlichen Aufenthalt in der Natur.

Handhabung

Bei der Arbeit mit Axt und Kettensägen ist eine entsprechende Schutzkleidung zwingend notwendig!

Da eine Axt nur aus einem Stiel und einem Eisen besteht, meint man gerne, die Handhabung wäre leicht. Das ist aber nicht der Fall. Um mit einer Axt sicher und effektiv arbeiten zu können, braucht man eine Menge Übung und handwerkliches Geschick. Geübte Holzfäller sind in der Lage, ein Streichholz auf dem Hackklotz sauber längs zu spalten. Diese Präzision ist zwar nicht unbedingt notwendig, aber ein Streichholz quer zu treffen sollte jedem nach einigen Stunden Übung möglich sein. Zum Üben sollten Sie zunächst mit einem Beil und einem kurzen Stiel anfangen. Die großen Äxte mit langen Stielen kommen dann, wenn Sie etwas Erfahrung gesammelt haben.

Schutzbekleidung

„Das mache ich ja nur ab und zu" ist einer der typischen Sätze in der Notaufnahme. Gerade wenn Sie wenig Übung im Umgang mit Werkzeugen in der Waldarbeit haben, ist Schutzbekleidung umso wichtiger. Wenn Sie schon einige Hundert Euro für eine Motorsäge ausgeben, dann sollten ein Helm, Sicherheitsstiefel, eine Schnittschutzhose und Handschuhe einfach drin sein. Wenn in Ihrer Familie mehrere Mitglieder mit dem „Fichtenmoped" unterwegs sind, dann kaufen Sie statt einer Schnittschutzhose Beinlinge. „Arbeitsschutz geht alle an" heißt es immer so schön, aber neben diesem einfachen Spruch kommt das böse Erwachen, wenn nach einem Unfall die Berufsgenossenschaft nicht zahlen will. Die richtige Schutzkleidung ist leider nicht billig, denn sie wird in einer Qualität gefertigt, die von Profis verlangt wird, die den ganzen Tag bei jedem Wetter im Wald arbeiten. Da erscheint es schon komisch, für eine Schnittschutzhose 120 Euro auszugeben, wenn es eine Motorsäge als No-Name-Produkt im Baumarkt für 99 Euro gibt. Also: Auf jeden Fall geht Sicherheit vor, kaufen Sie sich vernünftige Schutzbekleidung und tragen Sie diese auch. Dass es sich um eben jene „vernünftige" Arbeitsschutzkleidung handelt erkennen Sie, wie auch bei anderen Forstwerkzeugen, am Gütesiegel „FPA-anerkannt" (FPA = Forsttechnischer Prüfausschuss des KWF). Dieses Arbeitsmaterial wird in Deutschland vom Kuratorium für Waldarbeit und Forsttechnik (KWF) untersucht. Dieses Siegel ist schon ein guter Hinweis auf die Einhaltung der sicherheitstechnischen Vorgaben. Das CE-Zeichen ist ein weiterer Hinweis darauf, dass es sich um qualitativ hochwertige Stücke handelt. No-Name-Produkte und vermeintliche Schnäppchen aus dem Internet, sind immer mit Vorsicht zu genießen.

Schienbeinschutz

Für Sportholzfäller gibt es verschiedene Arten von Fuß- und Schienbeinschützern, die ausreichen, um eine Axt zu stoppen. Bei den einschlägigen Forstausrüstern wird man fündig.

Schnittschutzhose

Eigentlich wird eine solche Hose nur für die Arbeit mit der Motorkettensäge benötigt, einen Schlag mit einer Axt kann sie nicht abfangen. Eine Kettensäge wird dadurch gestoppt, dass die in der Hose eingeschlossenen langen Kunststofffasern von der Kette herausgezogen werden und sie somit blockieren. Die Fasern wickeln sich um die Zahnräder und verstopfen den Raum zwischen Kette und Gehäuse, je nach Konstruktion der Säge wird dann auch sofort der Kettenstopp aktiviert. Nach einem Schnitt ist die Hose zerstört und muss ersetzt werden.

Sicherheitsschuhe

Ordentliche Sicherheitsschuhe, besser Stiefel mit Stahlkappe und aus festem Leder, sind unverzichtbar bei der Arbeit mit einer Axt. Neben dem Schutz verleihen sie einen sicheren Stand, was zusätzlich für ein unfallfreies Arbeiten sorgt und Stürze verhindert.

Handschuhe

Handschuhe sind bei der Arbeit mit einer Axt wichtig, weil diese vor Splittern und scharfen Kanten sowie der Schneide schützen. Weiterhin ist beim Arbeiten mit Nadelholz das Harz lästig, wenn die Hände damit verschmutzt werden.

Helm mit Gesichtsschutz

Ein Helm ist bei der normalen Garten- und Waldarbeit sicherlich etwas übertrieben, aber irgendetwas fliegt immer durch die Luft beim Spalten oder Fällen. Der Gesichtsschutz ist eigentlich zum Schutz vor Sägespäne beim Arbeiten mit einer Kettensäge gedacht, hilft aber auch gegen wegspringende Holzstücke.

Erste-Hilfe-Set

Der Arbeitsschutz hört nicht bei der Verhinderung von Unfällen auf, auch die richtige Versorgung von Verletzungen sollte im Vorfeld geklärt sein. Wenn etwas passiert, dann ist es entweder nur ein kleiner Riss oder ein Splitter in der Hand, oder eben etwas ganz Großes. Mit dem Erste-Hilfe-Kasten aus dem Auto kommt man da nicht weit, auch wenn er besser ist als nichts. Kaufen Sie sich also lieber einen Kasten, wie er von der Berufsgenossenschaft vorgeschrieben wird, dann haben Sie schon viel getan. Für den täglichen Bedarf sind Fingerpflaster mit extra langem Klebeteil unverzichtbar, auch um damit

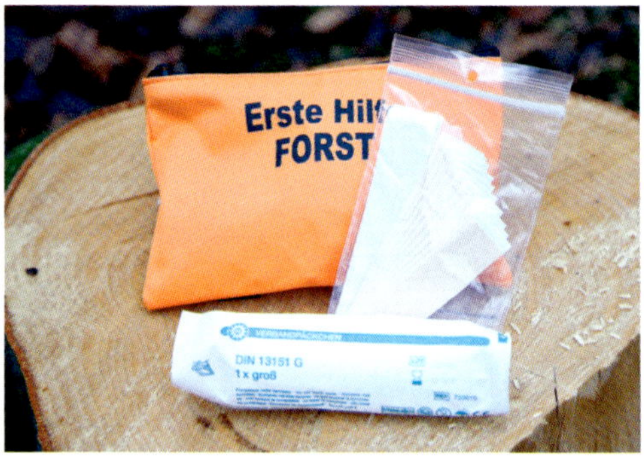

Blasen an den Fingern zu polstern. Diese sollten Sie aber immer in ausreichenden Mengen separat dabeihaben, ohne den Erste-Hilfe-Koffer öffnen zu müssen, damit er immer vollständig ist. Für große Verletzungen empfehle ich ein Tourniquet dabei zu haben. Es handelt sich dabei um ein Abbindesystem, welches inzwischen jeder Soldat an der Kampfweste trägt und mit dem eine stark blutende Extremität abgebunden werden kann. Das System kostet nicht viel und wenn man es braucht, dann ist es wirklich notwendig und im Schock auch viel besser zu verwenden als ein Dreiecktuch. Im Wald ist ein Krankenwagen eben nicht in drei Minuten vor Ort. Für stark blutende Wunden gibt es ein patentiertes und als QuickClot® bezeichnetes Pulver, welches das Blut augenblicklich gerinnen lässt.

Sicherer Umgang mit einer Axt

Zum sicheren Umgang mit der Axt gehört auch einiges an Wissen um das Gefahrenpotential dieses Werkzeuges. Dabei geht die Gefahr nicht nur von der Schneide aus, der Nacken ist ebenso gefährlich, wenn beispielsweise ein über dem Kopf hängender Ast die Wucht der Axt auf den Benutzer zurückschleudert. Selbiges gilt auch im Garten: Niemals sollte man unter Wäscheleinen arbeiten. Beim Ausholen nimmt man die Axt unter dem Hindernis nach oben, dann schlägt man zu und die Leine fängt die Axt und schleudert sie auf den Kopf des Arbeiters. Dies hört sich zwar unwahrscheinlich an, kommt aber leider immer wieder vor.

Die Schneide ist besonders gefährlich, wenn sie nicht richtig gepflegt wurde. Ist sie stumpf und abgerundet, kann es passieren, dass die Axt nicht wie vorgesehen in das Holz eindringt, sondern an der Rinde abgleitet und den Benutzer am Bein verletzt. Führt man einen Schlag mit voller Wucht in der Erwartung eines Treffers aus, dann ist eine abprallende Axt fast nicht mehr zu halten. Eine stumpfe Axt ist somit gefährlicher als eine scharfe. Andersherum ist es aber auch schlecht, sich beim Schlag schon darauf einzustellen, dass die Axt abprallen könnte. Man schlägt dann nicht mit der vollen Wucht zu.

Eine stumpfe Axt ist besonders gefährlich.

Eine weitere gefährliche Situation kann beim von unten nach oben geführten Schlag entstehen, besonders beim Ausasten stehender Bäume und beim Anbringen des Fällkerbes an einem stehenden Baum. Wenn der von unten geführte Schlag am Baum abprallt, beschreibt die Axt einen Kreisbogen auf den Benutzer zu.

Unsachgemäße Behandlung kann zu massiven Materialschäden und zu Verletzungen führen.

Generell gilt, dass von einem Beil mit einem kurzen Stiel eine wesentlich größere Gefahr ausgeht als von einer Axt mit längerem Stiel. Je länger der Stiel, desto größer die Wahrscheinlichkeit, dass die Schneide in den Boden dringt und nicht etwa in ein Körperteil.

Auf gar keinen Fall sollte man die Erhaltung des einwandfreien Zustands der Werkzeuge vernachlässigen und sich vor jeder Benutzung versichern, dass alles in Ordnung ist. Eine Axt mit locker sitzendem Eisen kann durch zwei Methoden repariert werden: Hat sich der Sitz gelockert, weil das Holz beim Trocknen geschrumpft ist, stellt man die Axt einfach über Nacht ins Wasser. Das Holz quillt auf und das Eisen sollte wieder fest sitzen. Falls das nicht hilft, muss die Axt neu eingestielt werden (siehe Seite 61). Ebenso muss ein gebrochener oder gesplitterter Stiel ausgetauscht werden, eine Reparatur mit Draht oder Bindfaden ist gefährlich, weil beides das Eisen nicht fest genug hält und die Hand beim Herabgleiten am Stiel behindert.

Viele Unfälle ereignen sich, wenn die Axt abgelegt wurde.

Viele Unfälle mit einer Axt ereignen sich nicht, während sie benutzt wird, sondern wenn sie abgelegt wurde. Häufig kommt es vor, dass man in die ungeschützte Schneide greift, wenn man im Halbdunkel die Axt oder etwas anderes im Auto, im Geräteschuppen oder in der Werkzeugkiste sucht. Daher sollte die Schneide der Axt immer gut geschützt werden.

Eine Schutzhülle ist nicht nur dazu da, die Schneide vor harten Gegenständen zu schützen, die sie abstumpfen könnten, sondern sie

schützt hauptsächlich davor, dass man sich versehentlich schneidet. Alternativ kann sie auch locker in den Hackklotz (oder im Wald in Totholz) geschlagen werden. So kann man nicht versehentlich in die scharfe Schneide greifen. Außerdem ist zu beachten, dass eine Axt ein Werkzeug für das Tageslicht ist; im Dunkeln sollte keine Axt benutzt werden.

Hat man keinen Schonhammer zur Hand, kann man auch einfach einen Holzklotz auf den Keil legen. Das Wichtigste ist aber, niemals – wirklich niemals – mit Eisen auf Eisen zu schlagen. Der relativ weiche Nacken wird an den Kanten ausfransen. Bei (un)passender Gelegenheit werden mit hoher Geschwindigkeit Eisensplitter durch die Luft fliegen, die schlimme Verletzungen verursachen können.

Physik und Mechanik

Bei einer Axt gilt wie bei kaum einem anderen Werkzeug, dass die Form der Funktion folgt. Dies ist besonders auffällig, wenn man eine Axt aus der Steinzeit mit einer Axt aus der Hochzeit der amerikanischen Forstwirtschaft vergleicht. Eine Axt wurde zum Schneiden, bzw. Hacken von Holz, konstruiert und weil sich das Holz seit der Steinzeit nicht verändert hat, gibt es keinen Grund, die Form der Axt zu verändern.

Ähnlich wie bei handgehaltenen Messern lässt sich auch die Wirkung einer Axt trotz moderner Computer bis heute nur unzureichend beschreiben. Zu groß ist der Anteil, den die „Biomaschine Mensch" in das Gesamtsystem einbringt. So wie ein ungeschickter Schlachter auch mit einem guten Messer nicht vorankommt, genauso leistet die selbe Axt in der Hand eines guten Holzhauers deutlich mehr und dringt tiefer ins Holz ein, als von einem „Stadtmenschen" mit der gleichen Geschwindigkeit geschwungen. Die Art und der Feuchtigkeitsgehalt des Holzes sowie die Treffpunktlage sind dabei ebenso entscheidend wie die Kraft und Geschwindigkeit des Eisens.

Die Axtklinge ist der Teil, der die Arbeit im Holz verrichtet. Man kann ein Stück Holz nicht quer zur Faser schneiden, da das Material nicht ausweichen kann und dann die Klinge klemmt. Ein perfekt schräg geführter Schlag hingegen, hebt den Span hoch und der zweite, von der Gegenseite geführte Schlag, wirft den Span aus.

Der nächste Schlag löst einen weiteren Span, der zusammen mit dem Span von der Gegenseite ebenfalls wegfliegt. Hier darf man den Span weder zu dünn noch zu dick machen, was wieder die Wichtigkeit der Treffpunktlage unterstreicht.

Je nach Art des Holzes kann dieser Span aber dicker oder dünner sein. Generell gilt: bei hartem Holz dünner Span, bei weichem Holz dicker Span. Ist die Axt zu dick, dann klemmt sie schneller fest. Eine dicke Steinaxt schafft daher nur flache Schnitte, eine schlanke Axt aus Stahl dringt tiefer ein und schafft es, einen Span besser wegzudrücken, da er ja auch nicht so weit angehoben werden muss.

Eine Axt ist, physikalisch gesehen, ein Gerät, das Arbeit verrichtet, wobei in der Formel die Geschwindigkeit im Quadrat eingesetzt wird. Somit leistet eine Axt eine bestimmte Arbeit. Verdoppelt man jetzt das Gewicht

Senkrecht geführte Schläge dringen nicht so tief ein

... wie schräg geführte.

Erst von der einen Seite einschlagen...

... dann von der anderen.

des Eisens (und vernachlässigt den Stiel), dann ist die geleistete Arbeit bei gleicher Geschwindigkeit doppelt so hoch. Verdoppelt man hingegen die Geschwindigkeit, dann ist selbst bei einem leichten Eisen die Arbeit vervierfacht. Abgesehen davon, dass es weniger ermüdend ist, eine leichte Axt statt einer schwereren Axt zu heben und zu bewegen.

Ein perfekter Span

Die richtige Technik

Eine Axt fasst man am Stiel an. Das hört sich einfach an, aber da liegt schon der Hase im Pfeffer. Eine Hand greift den Stiel am Ende und bleibt während der gesamten Arbeit dort. Diese Hand muss man zunächst ermitteln, denn es ist wie beim Kanufahren, der eine paddelt links, der andere rechts. Beim Arbeiten mit der Axt hat das aber weniger mit der Händigkeit zu tun, sondern viel mehr mit dem dominanten Auge. Man möchte mit dem Schlag ja auch treffen. So gibt es unter den Rechtshändern solche, die mit der rechten und andere, die mit der linken Hand das Ende des Stiels greifen. Die intuitiv bevorzugte Hand greift nun den Stiel am Ende und bleibt auch dort. Immer. Egal, was passiert. Damit die Hand nicht abrutscht, ist am Ende des Stiels ein Knauf angebracht. So muss man nur die Finger fest um das Holz schließen und die Axt kann einem nicht aus der Hand rutschen.

Beim Schlag bleibt eine Hand immer am Stielende, während die andere am Schaft gleitet.

Die andere Hand gleitet an dem Schaft hin und her. Das hat ganz einfache mechanische Gründe: Um richtig auszuholen, müssen Sie die Axt anheben, entweder seitlich vom Körper oder über den Kopf. Da ist es natürlich deutlich einfacher, wenn Sie die Axt mit einer Hand direkt an dem Eisen anfassen, anstatt das Gewicht an einer 70 Zentimeter langen „Stange" hochzuheben, wie es der Fall wäre, wenn Sie beide Hände am Ende des Stiels hätten. Sie haben nun also die Axt über den Kopf gehoben, eine Hand unter dem Eisen und eine unten am Knauf. Damit haben Sie schon richtig Schwung geholt, jetzt gilt es nur noch, die Axt nach unten zu schwingen und damit auch zu treffen. Dabei müssen Sie zwangsläufig die Hand unter dem Eisen am Stiel herabgleiten lassen, sonst hacken

Sie sich ins Knie. Somit gleitet die Hand am Stiel nach unten und trifft auf die andere Hand, die das Stielende umfasst, kurz bevor das Eisen ins Holz eintaucht. Aus diesem Bewegungsablauf leitet sich auch die Funktion des Stiels ab. Er verhindert, dass das Eisen durch die Zentrifugalkraft wegfliegt und hilft beim Zielen. Der Stiel ist nicht dafür gedacht, dass Eisen ins Holz zu schlagen. Man kann also nicht am Stiel „drücken", um das Eisen tiefer ins Holz zu treiben, denn wenn die zweite Hand auf die erste trifft, ist sie nicht mehr zu halten. Entweder man hat getroffen und ein Span fliegt weg, oder die Axt prallt ab und richtet, im schlimmsten Fall, irgendwo Schaden an. Der Stiel hat in etwa die gleiche Funktion wie der Stahldraht beim Hammerwerfen. Der Stiel könnte – wenn die Axt richtig geschwungen wird – auch ein Seil sein, er wird nur in Richtung der Zentrifugalkraft belastet. Die Stabilität braucht man erst, um das steckengebliebene Eisen wieder aus dem Holz zu ziehen. So erklärt sich auch, dass man den Stiel einer handelsüblichen Axt problemlos um ¼ ausdünnen kann, ohne an Stabilität einzubüßen (siehe Seite 69).

Die ersten Schlagversuche mit Ihrer neuen Axt werden sicherlich einem Stück Holz, einem Balken oder einem Stammstück gelten. Das Holz wird auf eine nicht federnde Unterlage gestellt bzw. gelegt, die so weich sein

Eine Hand greift den Stiel am Ende während die andere unter das Eisen greift ...

... und beim Schlag nach unten gleitet.

Treffen beide Hände zusammen, dann trifft auch das Eisen auf.

sollte, dass sie die Axtschneide nicht beschädigt, wenn das eigentliche Stück Holz durchtrennt ist.

Grundsätzlich erfolgen die Schläge immer schräg zur Faser, die daraus resultierende Kerbe wird dann immer weiter vertieft. Sehr dicke Stämme werden einmal gedreht, um eine neue Kerbe schlagen zu können. Auf diese Weise muss man weniger Holz wegschlagen als bei einer einzigen tiefen Kerbe.

Grundsätzliches bevor es losgeht

1. Nutzen Sie immer eine scharfe Axt. Eine scharfe Axt dringt ins Holz ein, eine stumpfe Axt gleitet unkontrolliert ab.
2. Nutzen Sie nur eine Axt, an der das Eisen sicher befestigt ist. Draht oder Nägel taugen nicht zum Befestigen, prüfen Sie das Eisen unbedingt vorher!
3. Prüfen Sie den Arbeitsplatz auf Personen, Äste, Wäscheleinen, Tiere oder Gegenstände, die Ihnen in den Arbeitsbereich kommen könnten.
4. Wählen Sie immer das passende Werkzeug; eine Axt ist eine Axt und keine Säge, Brecheisen, Hammer oder Spaltkeil.
5. Nutzen sie niemals eine Axt, wenn Sie müde, überarbeitet, angetrunken oder hektisch sind, nur bei voller Konzentration passieren keine Unfälle.
6. Lassen Sie Ihre Axt nicht einfach herumliegen. Im Gras rostet sie, geht verloren oder jemand könnte in die Schneide treten. Bedecken Sie die Schneide mit einem Schneidenschutz und stellen Sie die Axt immer mit dem Eisen nach oben ab oder schlagen Sie die Axt locker in den Hackklotz.
7. Eine Axt gehört nicht in Kinderhände.
8. Vor jedem Schlag sollten Sie überlegen, wo er landet, auch wenn Sie das Holz nicht treffen sollten.
9. Pflegen Sie Ihre Axt: Auf das Eisen kommt Waffenöl, auf das Holz Schaftöl.
10. Verleihen oder leihen Sie auf keinen Fall eine Axt, das kann Freundschaften zerstören.
11. Im Zweifel nutzen Sie lieber eine leichtere Axt mit einem längeren Stiel.

Bäume fällen und verarbeiten

Das schönste und beste Werkzeug der Welt taugt nichts, wenn es falsch eingesetzt wird.

Das schönste und beste Werkzeug der Welt taugt nichts, wenn es falsch eingesetzt wird. Ein ungeschickter Mann mit der besten Axt der Welt ist immer noch ein ungeschickter Mann und ein guter Handwerker kann mit einer schlechten Axt, wenn es denn sein muss, wahre Kunststücke vollbringen. Bei der Benutzung der Axt werden die meisten Fehler eigentlich nur aus Unkenntnis gemacht. Der Gebrauch dieses Werkzeugs kommt in unserer technisierten Welt zu selten vor.

Sieht man bei den Timbersports-Übertragungen im Fernsehen, wie die Sportler eine Wettkampfaxt mit drei Kilogramm mit beiden Händen hochreißen und niedersausen lassen, dann hat dies nur wenig mir der Wirklichkeit im Wald zu tun. Kein Förster würde so breite Kerben gerne sehen, denn was nützt es, wenn die Hälfte des Klotzes als Späne auf dem Boden liegt? Früher, als die Sägen noch mit der Hand betrieben wurden, wurde nur der Fallkerb mit der Axt geschlagen. Ein Fällkerb wurde nicht geschlagen, sondern es wurde stattdessen ein Fällschnitt mit der Säge durchgeführt, denn dieser ist materialschonender und besser zu steuern. Beim Wettkampf geht es nur um die Geschwindigkeit. Eine Wettkampfaxt den ganzen Arbeitstag mit dieser Geschwindigkeit und Präzision zu bewegen ist illusorisch. Sie ist als Formel-1-Wagen gedacht und nicht als Dieselross, das den ganzen Tag stetig eine gute Leistung bringt.

Gefahren

Ein Seil an einem Baum kann nur schiefgehen.

Einen Baum zu fällen scheint nicht schwierig zu sein, auf diversen Videoportalen im Internet gibt es tausende Clips dazu, wie man es macht und wie es trotzdem schief geht. Erst mal ein paar Dinge vorweg: Ein Baum fällt nicht in jede Richtung, als Anfänger sollte man sich jedoch nur an Bäumen versuchen, die gefahrlos in jede Richtung fallen können, ohne Schaden anzurichten. Immer wieder gern gesehen sind die Videos, bei denen „Experten" versuchen, einen Baum zwischen Häusern und Autos in eine winzig kleine Fläche fallen zu lassen. Damit das auch „klappt", haben sie oben am Baum ein Seil angebracht und ziehen mit vereinten Kräften, nur um festzustellen, dass der Baum in jede Richtung fällt, nur nicht in die, in die gezogen wird. Merke: Wenn man versucht sein sollte, ein Seil an den Baum zu binden um ihn in eine Richtung zu ziehen, dann braucht man einen Hubsteiger und muss ihn von oben abtragen. Das Mieten eines Hubsteigers kostet zwar Geld, aber den Dachstuhl mit dem

Baum zu zertrümmern ist teurer. Sachschäden sind aber noch das kleinere Übel beim Fällen eines Baumes: Da gib es beispielsweise Hänger, wenn sich die Baumkrone in einem anderen Baum verfängt und dadurch nicht fällt. Diesen Baum wieder sachgerecht freizubekommen ist ein höchst gefährliches Unterfangen, dabei passieren unglaublich viele Unfälle und ist dann ein Job für den Profi. Des Weiteren ist es gefährlich, einen Baum unter Spannung zu zersägen, denn schon ein armdicker Ast kann einem Menschen das Brustbein zertrümmern und ihn töten, wenn er unglücklich zuschlägt. Das passiert aber meist bei der Verwendung von lauten Motorsägen und Gehörschutz, sodass man das warnende Knacken und Ächzen des Holzes nicht hört und auch so schnell durchsägt, dass man kaum eine Chance hat. Mit der Axt oder einer Bügelsäge passieren diesen Unfälle eher selten.

Die Gefahr steht aber nicht nur in Form des Baumes unmittelbar vor einem, sondern kann auch von oben kommen. Jeder Waldläufer, der im Wald lagert, sollte die Gefahr von „Witwenmachern" kennen. Als Witwen-

Vorsicht vor Witwenmachern.

macher bezeichnet man trockene Äste, die beim Fällen oder bei Sturm abbrechen und von oben herabfallen. Diese müssen nicht unbedingt nur vom gefällten Baum stammen, auch nebenstehende Bäume, die gestreift werden und zurückfedern, können diese Äste nach hinten schleudern. Dann ist man auch auf der entgegengesetzten Seite der Fallrichtung nicht sicher. Schauen Sie also auch immer auf den Kronenbereich der Nachbarbäume und warten Sie, bis diese ausgeschwungen haben.

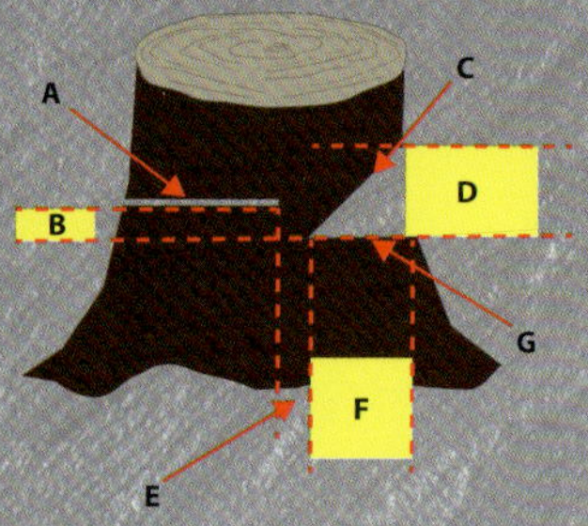

A Fällschnitt
B Bruchstufe 1/10 Stammdurchmesser
C Fallkerb-Dach
D Fallkerb, Winkel 45–60°
E Bruchleiste 1/10 Stammdurchmesser
F Fallkerb-Tiefe 1/5 bis 1/3 Stammdurchmesser
G Fallkerb-Sohle

Einen Baum fällen

Wie verhält man sich nun richtig? Einen Baum hackt man nicht einfach so um, sondern man geht dabei geplant vor. Der Baum soll ja nicht irgendwie fallen, sondern in eine genau vorbestimmte Richtung, weil das am wenigsten Schaden an den umstehenden Bäumen anrichtet und für den Holzhauer am sichersten ist. Wir können in diesem Büchlein nur die Standard-Situation beschreiben, die vielen Spezialfälle sind zu gefährlich, dafür gibt es den Fachmann und die inzwischen überall angebotenen Motorsägen-Kurse.

Damit ein Baum in eine bestimmte Richtung fällt, schafft man ein Scharnier (auch Bruchkante genannt), um das der Baum abklappt. Damit der Baum auch abklappen kann, schlägt man von vorne einen Fallkerb, der Platz schafft, damit sich der Baum auch in diese Richtung bewegen kann. Dieser Fallkerb wurde früher mit der Axt geschlagen und ist etwa 1/5 bis 1/3 des Durchmessers des Stammes tief und besteht aus Fallkerbdach und Fallkerbsohle, hinten schließt sich das Scharnier an. Die Bruchstufe sollte 1/10 des Stammdurchmessers betragen, mindestens vier bis sechs Zentimeter, und die Bruchkante ebenfalls. Damit ist man schon auf der sicheren Seite. Um beim Fallkerb das Dach und die Sohle zu treffen, sollten Sie diese beiden Schnitte erst einmal etwas kleiner anlegen, um dann, wenn sie beide sauber getroffen haben, nachzuschneiden. Beim Ausarbeiten des Fallkerbs mit der Axt kommen Sie beim Arbeiten immer wieder an den Punkt, an dem Sie den Fortschritt und die Ausrichtung kontrollieren müssen. Der Fallkerb bestimmt die Richtung, in die der Baum fällt, vorausgesetzt, man hat keine krummgewachsene Krücke, deren Masse in eine ganz andere Richtung hängt. Bei einer schönen, rundgewachsenen Fichte ist das kein Problem, die fällt in jede Richtung, aber bei alten hochstämmigen Obstbäumen, die der Wind in eine Schräglage

Ein sauber geschlagener Fallkerb.

Auf der gegenüberliegenden Seite wird der Fällschnitt gesägt.

Der Baum neigt sich ...

... und liegt schließlich am Boden.

gezwungen hat, bleiben nicht viele Möglichkeiten, den Baum zu werfen.

Der Fallkerb sollte auf keinen Fall in einer bequemen Höhe gehackt werden, nicht nur, dass Sie so nicht genug Holz verwerten, sondern es ist auch gefährlich. Stellen sie sich eine Stiellänge entfernt vor den Baum und hacken Sie dicht über dem Boden. Früher wurden die Kerben im Knien geschlagen, so war man automatisch näher an der Erde. Sobald der Fallkerb geschlagen ist und Sie den Fällschnitt mit einer Schrotsäge (auch Trummsäge genannt) oder Motorsäge angesetzt haben, sägen Sie auf das Scharnier zu. Es dauert nicht lange, dann klemmt der Baum die Säge ein. Jetzt setzen Sie einen oder zwei Keile, um die Säge freizubekommen, und sägen weiter. Der Stamm wird die Säge immer wieder festklemmen, sodass Sie den Schnitt mit den Keilen immer weiter öffnen müssen. Ist der Fällschnitt weit genug gesägt, dann können Sie die Motorsäge entfernen, eine Schrotsäge kann im Schnitt bleiben. Jetzt schlagen Sie die

Keile abwechselnd und Stück für Stück in den Stamm, bis sich der Baum langsam in die richtige Richtung neigt. Das sollte vorzugsweise die Richtung des natürlichen Hangs sein, denn dann fällt er am leichtesten und sichersten. Sie sollten die Keile nicht so lange einschlagen bis der Baum fällt, sondern ihn nur so weit neigen, bis er ein Übergewicht bekommt und vom eigenen Gewicht nach unten gezogen wird. Sobald Sie merken, dass der Baum fällt, rufen Sie ganz laut: „Baum fällt!" oder für die USA-Fans: „Timber!" und gehen einige Meter zurück. „Gehen" ist dabei für Ihre Sicherheit entscheidend, denn vom fallenden Baum gehen jede Menge tödliche Gefahren aus. Dieser „Fluchtweg" heißt Rückweiche und Sie sollten ihn auf jeden Fall vorher festlegen und den Waldboden von Totholz und Stolperfallen säubern, da sie ihn rückwärtsgehen, und da hat man bekanntlich keine Augen. Gehen Sie immer entgegengesetzt der Fällrichtung und etwas zur Seite versetzt, für den Fall, dass der Baum hängen bleibt und auf dem Stumpf zurückrutscht. Sie müssen dabei rückwärtsgehen, um das Geschehen im Auge zu behalten. Sie sollten dabei nicht auf die Stelle schauen, auf die der Baum fällt, sondern immer nach oben, denn von dort kommen die Witwenmacher. Lassen Sie auch ihr Werkzeug, bis auf die Motorsäge, zurück, einem Eisenkeil passiert schon nichts. In dieser Situation sollte man auch nicht laufen, denn man fällt sehr schnell und kommt dann gar nicht mehr weg.

Der „Fluchtweg" ist entscheidend.

Den Baumstamm entasten

Nach dem Fällen folgt in der Regel das Entasten. Es ist eine typische Aufgabe für eine Axt und dennoch werden von Anfängern immer wieder Fehler gemacht. Zum einen sollte man stets dafür sorgen, dass der zu entastende Baumstamm zwischen der Axt und den eigenen Füßen liegt.

Hohler Baum

Ein Baum lebt nur von den äußeren drei bis fünf Jahren, bei einige Bäumen noch ein paar Jahre mehr, der Rest vom Stamm ist tot. So kann ein Baum – bei uns in der Gegend gerne Linden oder Weiden – eine völlig gesunden Eindruck machen, aber im Inneren komplett hohl und verrottet sein. Solche Bäume lassen sich nicht normal fällen, da das Scharnier in der Mitte, das zwischen Fall-und Fällkerb gebildet wird, ja nicht existiert. Hier brauchen Sie einen Spezialisten oder Sie schieben das Gerippe mit dem Frontlader um.

Nur so endet ein Fehlschlag sicher im Holz und nicht in den eigenen Füßen. Sie sollten dabei immer fest auf dem Boden stehen und nicht etwa auf einem Stamm oder Ästen balancieren. Man führt den Hieb immer von unten nach oben (am Baum gesehen), denn beim Schlag von oben in die Achsel eines Seitenzweiges reißt er oft ein Stück aus dem Stamm heraus. Auf jeden Fall ist der Schnitt von unten wesentlich sauberer. Holzhauer reimen dazu: „Das Holz reißt, wie der Vogel scheißt" – immer von oben nach unten.

Sollte es notwendig sein, einen stehenden Baum auszuasten, müssen Sie besonders vorsichtig sein. Schon oft ist es vorgekommen, dass sich eine Axt im Schwung an einem federnden Ast verfangen hat und von diesem auf den Kopf des unglücklichen Holzfällers zurückgeschleudert wurde.

Der Baumstamm sollte beim Entasten immer zwischen den eigenen Beinen und der Axt liegen.

Den Baumstamm durchtrennen

Um einen Baumstamm durchzuhacken, legt man ihn entweder auf eine Unterlage, um ihn zu erhöhen, oder man lässt ihn – wenn er zu dick ist – glatt auf der Erde liegen. Je nach Dicke des Stammes ist es nicht oder kaum möglich, ihn mit senkrecht geführten Schlägen zu zerteilen. Stattdessen muss man die Schläge abwechselnd von rechts und links im Winkel von rund 45° führen und so nach und nach eine tiefe Kerbe in den Stamm schlagen (siehe Seite 34).

Mit dieser Arbeitsweise gelangt man aber nicht sehr tief in das Holz, weil man – je tiefer die Kerbe wird – mehr Holz entfernen muss. Mit

Man schlägt am Baum immer in Wuchsrichtung, also von unten nach oben.

jedem Schlag wird man also ineffektiver. Um einen Stamm durchzuhacken, muss die Kerbe so breit sein wie der doppelte Durchmesser des Stammes. Deshalb dreht man den Stamm, sobald die Mitte des Stammes erreicht ist, und beginnt auf der gegenüberliegenden Seite mit einer zweiten Kerbe, die dann etwas seitlich versetzt auf die erste trifft. Die Kerbe bis zur Mitte ist etwa so breit wie der Durchmesser des Stamms.

Wie Sie sehen, ist das Durchtrennen eines Stammes mit einer Axt ein aufwendiges Unterfangen und ab einem Durchmesser von sechs Zentimetern ist ein Stamm schneller durchgesägt als durchgehackt.

Wenn ein dicker Baumstamm entastet am Boden liegt, sollte zur Weiterverarbeitung jeder Meter durchgesägt und die einzelnen Stammrollen etwas nach rechts und links versetzt werden. Dabei ist es wichtig, dass die Stammrollen mit dem Fuß oder mit dem Spalthammer bewegt werden, denn zum Anheben sind diese noch viel zu schwer. Dann kommt der Spalthammer zum Einsatz. Es ist immer wieder schön mit anzusehen, wie eine Stammrolle nach einem locker aussehenden Schlag einfach in zwei Hälften zerfällt. Stellen Sie sich dazu breitbeinig am oberen Ende über die Stammrolle – bei Eiche an das untere Ende, weil es sich von dort besser spalten lässt –, heben den Spalthammer nach oben und lassen ihn mit Schwung – nicht Kraft – nach unten direkt auf die Mitte des Stammes niedersausen. Wenn das Holz nicht mitspielt und nach dem ersten Schlag einfach nicht auseinanderfällt, dann müssen Sie Keile setzen. Ein normales Meterende sollte mit ein- oder zweimaligem Nachsetzen gespalten sein. Die richtig dicken Stammrollen – womöglich noch mit reichlich Ästen ausgestattet – lassen Sie als Laie einfach liegen oder Sie sägen einen handbreit tiefen Längsschnitt und versuchen es mit einigen Spaltkeilen gleichzeitig.

Sicherheitshinweis

Schlagen Sie niemals Äste über Ihrem Kopf ab. Sollte Ihnen die Axt aus der Hand gleiten, weil Sie den Ast verfehlt haben, kommt die Schneide unweigerlich auf Sie zu!

Brennholz spalten

Als Brennholz für den Kamin oder Ofen brauchen Sie drei Größen: bleistiftdickes Holz, daumendickes Holz und armdickes Holz. Das bleistiftdicke kommt als erstes auf den Anzünder, dann das daumendicke und dann die armdicken Scheite. Aber immer nur so viel, dass das Feuer noch Luft bekommt und brennen kann. Sobald sich dann ein Glutbett gebildet hat und drei oder vier armdicke Scheite brennen, können Sie die dicken Scheite nachlegen.

Ich kenne eine Menge Leute, die dutzende Festmeter Brennholz hinterm Haus gestapelt haben, aber jedes Mal, wenn sie ein Feuer machen wollen, dann müssen sie das Holz zum Anmachen hacken. Da man die Wohnung mit dem Ofen nur im Winter heizt, ist es dabei meist dunkel und kalt. Daher ist es ein guter Tipp, wenn Sie reichlich Anmachholz auf Vorrat spalten, wenn es hell und angenehm ist.

Brennholz spaltet man am besten frisch, denn das geht besser und es trocknet gespalten auch schneller. Es gibt zwar lange Listen, welche Sorte wie lange trocknen sollte, aber das sind eher akademische Betrachtungen. Schlagen Sie das Holz im ersten Winter, lagern Sie es den zweiten Winter und verbrennen Sie es im dritten Winter, dann sind Sie auf der richtigen Seite. Und da jeder echte Holz-Heizer mehr einlagert, als er braucht, kann er am Anfang der ersten Heizperiode noch altes Holz verbrauchen, was dafür sorgt, dass das „frische" Holz noch länger liegt.

Um Anmachholz zu spalten wird das Holzscheit mit der linken Hand gefasst und die Axtschneide aufgesetzt. Bei Linkshändern ist es sinngemäß umgekehrt. Das erklärt ein Bild aber besser als eine Beschreibung.

Einer der größten Fehler beim Brennholzspalten ist es, das Scheit mit einer Hand festzuhalten. Das gefährdet bei einem unachtsamen Schlag den Daumen und Zeigefinger. Mein Opa hat mir einmal seine Narben an Daumen und Zeigefinger der linken Hand gezeigt, die von einem Schlag auf ein festgehaltenes Scheit zeugen. Scheite, die nicht von alleine stehen, werden immer mit einem zweiten Scheit oder Stock gehalten!

Mit der Axt oder dem Spalthammer erzielt man die beste Wirkung, wenn man so schlägt, dass das Holz leicht reißt. Dabei gibt es einige

Sicherheitshinweis

Beim Holzhacken darf sich niemand neben dem Hackklotz aufhalten, da die zerteilten Hölzer im Allgemeinen nach rechts und links wegfliegen. Ebenso ist der Platz hinter dem Axtbenutzer tabu, da dieser beim Ausholen den hinter ihm Stehenden nicht sehen, wohl aber treffen kann.

Drei Holzgrößen für den perfekten Abend am prasselnden Feuer

Anmachholz spalten

Brennholz spalten

Dinge zu beachten:

- Holz reißt immer leichter vom Zopfende zur Wurzel.
- Ein Stammstück lässt sich gut entweder quer oder parallel zu den Jahresringen spalten, schräg geht es schlechter.
- Ist ein Ast mit eingewachsen, dann spaltet man ihn mit durch.

Bei einem großen Klotz ist man immer versucht, ihn mit einem mächtigen Hieb in der Mitte zu zerteilen. Das ist aber ein Fehler, denn die Axt leidet darunter gewaltig. Das Eisen taucht tief in das Holz ein, der Stiel hängt aber noch über und schlägt mit voller Wucht auf das Holz, wobei er beschädigt wird. Man schlägt daher nur so große Stücke ab, dass die Ferse der Axt immer etwas über dem Klotz hängt. Auch können bei einem großen Klotz verschiedene Keile helfen: Eisenkeile, die nur mit einem hölzernen Vorschlaghammer vorangetrieben werden dürfen, Aluminium- und Kunststoffkeile, die für Arbeiten mit der Motorsäge gedacht sind, weil sie die Kette nicht zerstören, wenn sie versehentlich angeschnitten werden. Daneben gibt es zusammengesetzte Keile, die einen Holz- oder Kunststoffeinsatz am Schlag-Ende besitzen. Alle Keile, die weicher sind als das Metall am Nacken, werden an den Kanten ausfransen. Bei passender Gelegenheit werden mit hoher Geschwindigkeit Eisensplitter durch die Luft fliegen. Gleiches gilt für die Axt selber: Niemals sollte man die Axt zum Holzspalten in den Stamm schlagen und dann mit einem Vorschlaghammer das Eisen als Keil weiter in das Holz treiben. Dabei wird das Haus verbogen, der Stiel gelockert und die Axt zerstört.

Tipp

Es muss nicht jedes Stück Brennholz gespalten werden: Die knorrigen Stücke mit verwachsenen Ästen verbrennen Sie im Ganzen. Die schlanken, gerade gewachsenen, die schon so aussehen, als ob sie gleich zerfallen, spalten Sie besonders klein.

Von links nach rechts: Holzkeil, Spalthammer, Holzkeil, Eisenkeil, Aluminiumkeil.

Feine Arbeiten mit einer Axt

Sie können mit einer Axt nicht nur große Späne abschlagen, sondern auch feinere Arbeiten verrichten und Holz in eine bestimmte Form bringen. Die alten Trapper haben nur mit einer Axt Blockhütten gebaut, von den dicken Stämmen angefangen bis zum letzten Regalbrett. Das setzt natürlich handwerkliches Geschick und gutes Werkzeug voraus. In den nordischen Ländern werden sogenannte Schnitzäxte verwendet, die speziell geschäftet sind und mit denen man die Schnitzarbeiten vorbereiten kann.

Zunächst werden die groben Teile entfernt, also abgeschlagen. Dann werden die Oberflächen in Form gebracht. Dazu wird die Axt dicht unter dem Eisen gegriffen und vorsichtig gehackt, wobei der lange Stil ein Gegengewicht bildet. Versuchen Sie nicht, einen langen Span mit einem Schlag abzuspalten, sondern mit vielen kleinen Schlägen immer weiter an dem Holz entlangzugehen. So können Sie auch verhindern, dass der Span aus der Richtung läuft. Um noch feinere Arbeiten zu verrichten, und dabei streichholzgroße Späne zu entfernen, greifen Sie die Axt wie im Bild gezeigt mit einer Hand und legen Zeigefinger und Daumen auf das Eisen. So haben Sie eine gute Kontrolle und können fast wie mit einem Hobel arbeiten.

Pflege und Reparatur

Häufig findet sich im Schuppen noch eine alte Axt vom Vater oder Großvater. Nicht selten besitzt eine solche Axt einen völlig unbrauchbaren oder vom Holzwurm zerfressenen Stiel, eine schartige Schneide und zu allem Überfluss wurde das Eisen auch noch mit einigen Nägeln „gesichert".

Als erstes wird man einen passenden Stiel kaufen oder ihn wie auf Seite 67 beschrieben selber anfertigen. Das Eisen wird dann vom Rest des Stieles befreit und das Auge sauber ausgefeilt. Meist ist der obere Rand durch Hammerschläge entstellt und ausgefranst, und der neue Stiel kann nicht richtig hindurchtreten. Der feste und glatte Rostbelag kann durchaus auf der Axt verbleiben. Das nächste Augenmerk richtet man auf die Schneide, die auf dem Bandschleifer wieder in Form gebracht wird. Dabei muss man darauf achten, dass eine Axt auch verschliffen oder müde sein kann und nicht mehr das Optimum an Axt darstellt. Eine Axt ist dann „müde", wenn sich die Klinge nicht mehr in eine vernünftige Form schleifen lässt. Sobald beispielsweise die Schneide weit abgeschliffen ist, bekommt der Nacken der Axt Übergewicht und die Balance ist nicht mehr gegeben. Auch „alte Wertarbeit" ist irgendwann nicht mehr reparabel.

Der feste und glatte Rostbelag kann auf der Axt verbleiben.

Pflege und Aufbewahrung

Eine Axt darf durchaus auch gepflegt sein, ein schäbiges Werkzeug kennzeichnet nicht den alten Hasen, der dauernd draußen ist und damit arbeitet, sondern entweder den Möchtegern-Axtbenutzer oder den Schlamper, der das Werkzeug missbraucht und dann liegenlässt. Werkzeug im guten Zustand macht auch einen guten Eindruck und zeugt

von einer hohen Sicherheitskultur. Ich halte mein Werkzeug allerdings nicht für die Berufsgenossenschaft in Schuss, ich will damit gute Arbeit leisten.

Bei der Axt gibt es verschiedene Materialien, die Pflege bedürfen. Zunächst einmal das Eisen, dann das Holz, die Verbindung der beiden und die Scheide, meist aus Leder.

Beim Eisen ist es nicht so wichtig, dass es gegen Rost geschützt ist. So sind beispielsweise die Äxte von Gränsfors Bruks schmiederau verzundert (die schwarze Außenschicht ist noch dran) und überhaupt nicht gegen Rost geschützt. Hier reicht es aus, wenn die Klinge ab und zu mit Waffenöl eingerieben wird.

Schmiederaue Axt von Wetterlings

Für kalte Gegenden hat sich auch Wachs bewährt, das mit einer Kerze auf die leicht angewärmte Klinge gerieben wird. Sollte sich ein bisschen Flugrost gebildet haben und es stört Sie, dann reiben Sie diesen einfach mit etwas Autopolitur – zur Not geht auch Zahnpasta – und einem Korken ab. Alternativ können Sie natürlich auch die Schwabbelscheibe benutzen, die Sie für das Schärfen ohnehin vorhalten sollten. Bei gröberen Rostspuren hingegen ist meist auch der Stiel so stark in Mitleidenschaft gezogen worden, dass er ausgetauscht werden muss (siehe Seite 62). In diesem Fall können Sie auch gleich die Klinge nach dem Entfernen des Stiels entrosten und in Form schleifen.

Für den Stiel aus Holz brauchen Sie nur ab und zu etwas Leinöl, das Sie einfach mit einem Lappen dünn auftragen und dann einmassieren. Damit sollte es schon gut sein. Beim Arbeiten in Nadelholzbeständen kann sich aber am Stiel jede Menge Harz ablagern. Diese dunklen Stellen entfernen Sie am besten rein mechanisch mit einer Ziehklinge, um dann zum Schluss wieder mit Leinöl nachzuarbeiten. Wer keine Ziehklinge zur

Flugrost lässt sich einfach abschleifen …

… und schon ist der Rost weg.

Hand hat, der kann auch mit einem Metallschwamm oder der Rückseite einer Messerklinge zu Werke gehen.

Sie müssen, gerade nach längerer Nichtbenutzung, immer kontrollieren, ob das Eisen noch fest am Stiel sitzt. Sollte die Verbindung zwischen Holz und Eisen locker geworden sein, dann stellen Sie die Axt mit dem Eisen in einen Eimer mit Wasser. Am nächsten Tag sollte das Eisen wieder fest sitzen. Wenn das nicht der Fall ist, dann müssen Sie den Keil aus dem Stiel entfernen und ihn durch einen neuen, dickeren ersetzen. Wenn das auch noch nicht hilft, dann ist leider ein neuer Stiel fällig.

Nach längerer Nichtbenutzung sollten man immer kontrollieren, ob das Eisen noch fest am Stiel sitzt.

Bei längerer Aufbewahrung gilt es den beiden unterschiedlichen Materialien, Holz und Metall, Rechnung zu tragen. Für das Eisen braucht man einen trockenen Raum. Ein ungeheizter Schuppen ist für das Eisen eher schlecht, da sich beim Temperaturwechsel Schwitzwasser bildet und für Rost sorgt. Warme Heizungskeller mit einer trockenen Heizungsluft sind da ideal. Für das Holz hingegen sind trockene Innenräume Gift, denn das Material trocknet aus und schrumpft. Als Resultat wackelt dann das Eisen. Für das Holz wäre also ein Schuppen besser. Eine Möglichkeit um das Schrumpfen dauerhaft zu umgehen ist, sich Stielrohlinge auf Vorrat zu kaufen und diese einige Monate in den trockenen Innenräumen zu lagern. Nach dem Aufstielen können sie nicht weiter eintrocknen und die Eisen bleiben fest.

Die Axtscheide sollten Sie regelmäßig auf Beschädigungen untersuchen, besonders auf der Seite, die an der Schneide liegt. Wenn hier das Eisen zu sehen ist, dann kann es zu Verletzungen kommen. Das Leder können Sie mit handelsüblichem Lederfett behandeln und es so davor bewahren, brüchig zu werden.

Eine Axt schärfen

Wenn ich acht Stunden Zeit hätte um einen Baum zu fällen,
würde ich sechs Stunden die Axt schleifen.

Abraham Lincoln (1809 - 1865),
16. Präsident der Vereinigten Staaten von Amerika

Eine scharfe Axt ist eine sichere Axt, denn diese schneidet sofort in das Holz; eine stumpfe Axt prallt leichter ab und gefährdet die Umstehenden oder den Axtbenutzer selbst. Doch wie schleift man eine Axt richtig? Das Werkzeug zum Schärfen ist nicht so wichtig wie das Verständnis über die Form des richtigen Schliffs. Nur wenn man das Ziel kennt, kann man es auch erreichen oder, wie Seneca gesagt hat: Für ein Schiff, das seinen Hafen nicht kennt, weht kein Wind günstig. Ob Sie dafür einen Bandschleifer, eine Feile oder einen Schleifstein verwenden, ist nebensächlich. Da die Axtschneide im Gegensatz zu einer Messerklinge nicht so hoch gehärtet ist, lässt sich mit einer guten Feile genug Material abtragen.

Härte bestimmen

Der Härtetest mit einer Feile. Zur Sicherheit, können Sie die Feile durch ein Stück Leder stecken und somit Ihre Hände schützen.

Erst einmal wird die Härte der Schneide getestet, indem man mit einer Feile vom Haupt her über die Schneide streicht und dabei genau auf das Geräusch und das Gefühl achtet, das Feile und Axt verursachen. Ist das Geräusch hell klingend und die Feile rutscht über das Metall, ohne viele Späne abzuheben, dann ist der Stahl sehr hart. Wenn das Geräusch eher dumpf klingt und die Feile tief in das Metall taucht und dabei reichlich Späne abnimmt, dann ist der Stahl weich und kann mit der Feile geschärft werden. Das heißt aber nicht, dass eine weiche Axt qualitativ minderwertig wäre, es handelt sich bei den unterschiedlichen Härten nicht um Qualitätsmerkmale.

Welche Härte Sie wählen bleibt natürlich Ihnen überlassen und hängt von Ihrem Vorhaben ab: Eine harte Axt bleibt länger scharf, lässt sich dafür aber schlechter, bzw. nur mit mehr Aufwand, nachschleifen und an der Schneide brechen schneller und leichter Scharten aus. Eine Axt aus weicherem Stahl bleibt dagegen nicht so lange scharf. Sie lässt sich dafür aber mit wenig Aufwand wieder nachschleifen und an der Schneide brechen nicht so leicht Scharten aus, da sich das Material eher verbiegt als zu brechen. Bei einer mehrwöchigen Reise in die tiefen Wälder Alaskas oder Russlands sollte man lieber eine etwas weichere Axt mitnehmen und sie dann einfach bei Bedarf mit einer Feile nachschleifen. Kommt man aber in absehbarer Zeit wieder nach Hause, wenn

Eine harte Axt bleibt lange scharf, ist aber schwer zu schleifen.

man beispielsweise im heimischen Revier einen Hochsitz baut, kann man einer gut gehärteten Axt den Vorzug geben. Ist es einem dann „gelungen" sie abzustumpfen, bringt man sie zu Hause am Bandschleifer wieder in Schuss. Es ist bei einer harten Axt meist nicht notwendig, im Wald nachzuschleifen.

Scharten entfernen

Vor dem Schleifen ist es das Wichtigste, zunächst die Scharten aus der Axtschneide zu entfernen. Dazu wird die Schneide frontal soweit heruntergeschliffen, bis die Scharten ausgewetzt sind. Ist die Schneide völlig zerstört und schartig, dann hilft nur, diese so weit herunterzuschleifen, bis eine passende Schneidenform hergestellt ist, auch wenn diese dann einen flachen Streifen von ein oder zwei Millimetern aufweist. Das eigentliche Schärfen erfolgt dann in einem zweiten Schritt, in dem die Schneide von einer Seite bis zur Mitte abgeschliffen wird. Danach folgt

Eine solch schartige Klinge ist nicht verloren.

Mit gleichmäßigen Bewegungen werden die Scharten frontal weggeschliffen.

Anschließend wird die Schneide wieder hergestellt.

Nach dem abschließenden Schleifen ist sie wieder rasiermesserscharf.

die zweite Seite, die ebenfalls bis zur Mitte abgeschliffen wird. In dieser Phase ist Vorsicht angebracht. Schleift man gleich von einer Seite, bis sich der Grat aufwirft, dann steht die Schneide nicht in der Mitte.

Schleifen

Beim Schleifen einer Axt offenbart sich die Unkenntnis vieler Menschen, die nicht wissen, wozu eine Axt gut ist und wie sie wirkt. Bei den amerikanischen Äxten aus der Zeit von 1900 bis 1950, als damit noch wirklich gearbeitet wurde, hat sich eine ganz spezielle Form durchgesetzt, die erstaunliche Ähnlichkeit mit den Äxten hat, die aus Stein gefertigt und weit über 5000 Jahre alt sind.

Der Schliff einer Axt wird heute meist von den Produktionsmethoden vorgegeben und da ist ein Hohlschliff die am einfachsten zu produzierende Form. Diese Form wird dann von der Werbung unterstützt, aber nicht von der Anforderung des Holzes oder der Mechanik oder der Physik. Es ist einleuchtend, dass zwei Äxte mit gleichen Stielen und Eisen, aber unterschiedlichen Schliffen, auch unterschiedlich wirken. Das kann so weit gehen, dass eine Axt nicht mehr richtig in das Holz eindringt, sondern abprallt, was nicht nur wirkungslos, sondern auch noch äußerst gefährlich ist.

Die Schneide einer Axt muss zunächst einmal scharf sein. So scharf, dass man sich bequem die Haare vom Unterarm rasieren kann. Wie flach oder steil der Winkel letztlich ist, hängt von der Verwendung ab. Einen Winkel im eigentlichen Sinne wird man an der Axt nicht finden, denn die Schneide ist nicht flach angeschliffen, sondern in einem Bogen, dem sogenannten konvexen Bogen (nach außen gewölbt) oder balligem Schliff. Das verleiht der Schneide mehr Stabilität durch mehr Material

Mit der Schneide einer Axt sollte man sich rasieren können.

Immer gleichmäßig von der Zehe zur Ferse und von der Ferse zur Zehe.

und weiterhin liegt der Span immer nur auf einer Linie an und nicht auf der ganzen Fläche, was die Reibung verringert. Die beiden Seiten der Axt sind auch nicht parallel geschliffen, sondern mit zwei Bögen: Einmal ein flacher Bogen von der Schneide zum Rücken der Axt und einmal im rechten Winkel dazu. Diese Form der Axt mit dem doppelten Bogen muss aber schon von der Produktionsfirma vorgegeben sein. Eine falsch geschliffene Axt mit parallelen Seiten in diese Form zu bringen ist nur sehr schwer möglich. Es muss eine Menge Material entfernt werden, was das Eisen erwärmt und auch nur mit leistungsfähigen Bandschleifern möglich ist. Jetzt kommt der schwierigste Teil: Die beiden Bögen sind etwas aus der Mitte, denn der höchste Punkt liegt im oberen Drittel der Klinge. Auf diese Art geschliffen liegt der Span nur an einem Punkt an dem Axtblatt an und die Klinge klemmt fast nicht. Den doppelten Bogen erkennt man daran, dass die Schneide – besser gesagt der geschliffene Teil davon – einen Halbkreis bildet.

Die richtige Klingengeometrie ist entscheidend.

Zunächst einmal muss der Axt die richtige Klingengeometrie gegeben werden. Dabei sind aber leider nur wenige Änderungen möglich, wenn diese nicht passt. Allzu viel Material können Sie nicht abnehmen, ohne die Klinge zu zerstören. Gerade bei alten Äxten, die noch aus Eisen mit einer eingelegten oder vorgeschuhten Schneide aus Stahl hergestellt sind, sind Veränderungen nicht möglich. Alte Äxte haben aber meist eine gute Geometrie, weil früher mit den Äxten auch gearbeitet wurde, diese daher nur nach der Funktion geschmiedet wurden und nicht wie heute unter Design-Aspekten.

Holzfasern weichen beim Hacken nicht zur Seite.

Die Funktion einer Axt ist darauf ausgerichtet Holz zu zertrennen. Wie das geht und was dabei passiert, können Sie im Kapitel Physik und Mechanik (siehe Seite 33) nachlesen. Holzfasern weichen beim Hacken nicht zur Seite, daher müssen die Schläge von rechts und links kommen, wobei reichlich Material entfernt wird und die Kerbe schnell tiefer und tiefer wird. Hier kommt die Form der Seiten des Eisens ins Spiel: Sauber parallel geschliffene Seiten sind zwar einfach herzustellen, sorgen aber dafür, dass der Span an einer größeren Fläche anliegt. Eine größere Fläche bedeutet eine größere Reibung und das wiederum, dass die Klinge nicht so tief eindringt, wie sie eigentlich könnte. Wenn die Seiten einer Axt aber so geschliffen sind, dass der Span nur an einem Punkt anliegen kann, dann wirkt sie deutlich besser. Die Schneide sollte also vorzugsweise „ballig" sein, das heißt, dass die Seiten der Schneide einen Radius beschreiben. Das stärkt die Schneide im wichtigsten Bereich.

Der richtige Schliff

Eine richtig geschliffene Axtklinge besitzt mehrere Bögen. In Richtung der blauen Pfeile ist die Klinge konkav, also nach innen gewölbt. In Richtung der grünen Pfeile ist die Klinge konvex, also nach außen gewölbt. Das sorgt dafür, dass die schwarzen schraffierten Flächen entstehen. Die beiden Wangen sind also nicht parallel, sondern in der Mitte dicker als an den Enden. Die Schneide wird hingegen parallel ausgeschliffen, was dann zu dem fächerförmigen Schliff – hier rot schraffiert – führt. In dieser angezeichneten Axtklinge steckt das gesamte Wissen um die Form und Funktion einer solchen Klinge und genau diese Form findet sich in den Steinäxten wieder.

Der Querschnitt der Axtschneide sollte ebenfalls ballig sein. Die beiden Ränder sind somit dünner als die Mitte und die Schneide liegt im Holz immer nur an einem Punkt an und klemmt weniger.

Die Form der Schneide ist bestimmt von der geplanten Verwendung: Für feinere Holzarbeiten sollte die Schneide gerade sein, für den universellen Einsatz im Wald ist eine runde Schneide besser. Der richtige Schliff sorgt dafür, dass die Axt den Span sauber und von selbst aus dem Schnitt fördert.

Um die Schärfe der Axt länger zu erhalten, zieht man die Schneide bei Benutzung ab und zu mit einem feinen Schleifstein ab. Dabei geht man in leichten, scheuernden, kreisenden Bewegungen über die Schneide und schleift den Grat von kleinen Scharten weg. So können diese nicht weiter ausbrechen. Die Steine für Äxte sind meist rund und heißen im Englischen Puck, weil sie so aussehen wie der Puck beim Eishockey.

Ein Schleifstein für Äxte.

Temperatur

Beim Schleifen sollte man unbedingt darauf achten, den Stahl nicht zu überhitzen, da dadurch die Härte verloren gehen kann. Wenn der Stahl Anlauffarben zeigt, deutet das auf eine Temperatur von 280–300 °C hin, der Stahl verliert seine Härte aber erst bei über 350 °C. Also sollte man sofort kühlen, wenn die Schneide anläuft, aber auch dann muss es noch nicht zu spät sein.

Tipp

Auf keinen Fall sollte man zum Schleifen einen Winkelschleifer benutzen, da dieser viel zu schnell ist und die Schneide ausglühen würde. Das Schleifen mit einem Wasserschleifstein ist die alte Methode, die moderne Methode ist das Schleifen mit einem Bandschleifer.

Schleifen unterwegs

Ein Förster geht durch den Wald und sieht, wie sich ein Holzhauer mit einer fürchterlich stumpfen Axt abquält. Er spricht ihn an, warum er die Axt nicht nachschärft. Die Antwort: „Keine Zeit, ich muss noch so viel Holz hacken!"

In den Büchern für Waldläufer wird immer gerne angeraten, die Axt im Wald mit einer Feile nachzuschleifen. Dazu braucht man entweder eine sehr gute Feile oder eine weiche Axt. Ich bevorzuge für Ausflüge in die Wildnis eine weichere Axt. Das heißt nicht, dass sie nicht gehärtet ist, aber die Feile ist in der Lage ordentlich Späne abzunehmen.

Bei der Qualität der Feilen gibt es gewaltige Unterschiede. Es gibt Feilen, die nur wie Feilen aussehen, aber aus zu weichem Material gefertigt sind und sich schnell abnutzen, oder – noch schlimmer – gar nicht erst in der Lage sind, Material von der Axt abzunehmen. Gute Feilen bekommt man nur selten im Baumarkt, die richtige Quelle ist immer der Fachhandel. Eine

Gekreuzte Äxte lassen sich gut feilen.

Schon schneidet die Axt wieder sauber.

neue Feile streicht man vor der ersten Benutzung mit Wandtafelkreide ein, damit der Hieb geschont wird. Die Feile taucht dann nicht so tief in das Eisen ein, weil der Hieb mit der Kreide schon etwas zugesetzt ist. Zwei Dinge zerstören eine Feile sehr schnell: Rost und eine andere Feile, wenn beim Transport Feile an Feile scheuert. Daher muss man die Feilen immer trocken aufbewahren und beim Transport einzeln in Lappen wickeln.

Beim Schleifen darf sich die Axt nicht bewegen. Dazu kann man entweder zwei Äxte auf der Erde oder auf einem Brennholzstapel miteinander kreuzen oder, die elegantere Lösung, eine Kerbe in einen Baumstamm oder Baumstumpf sägen und die Axt mit der Kappe hineinschlagen. Die Axt sitzt dann fest und kann gut gefeilt werden. Man schleift erst eine Seite, bis sich auf der Gegenseite ein Grat aufwirft, dann dreht man die Axt und schleift die andere Seite, bis auch dort ein Grat entsteht. Den stehengebliebenen Grat kann man zusätzlich mit einem Schleifstein entfernen, es ist aber nicht unbedingt notwendig. Das Schleifen im Feld ist immer nur ein Notbehelf und kann nicht so perfekte Ergebnisse liefern wie das Schleifen in einer Werkstatt.

Beim Schleifen darf sich die Axt nicht bewegen.

Eine Axt aufstielen

Bei jeder Axt nutzt sich irgendwann der Stiel ab. Besonders bei Äxten, die zum Spalten verwendet werden ist das schnell der Fall. Je ungeschickter der Benutzer ist, desto schneller ist der Stiel vor dem Eisen zerstört und muss ausgetauscht werden. An dieser Stelle bilden sich bei unsachgemäßem Hacken regelrechte Sollbruchstellen.

Wie entfernt man den Stiel?

Meist bricht der Stiel genau vor dem Eisen ab, sodass man bei dem Versuch ihn zu entfernen keinen großen Hebel hat, um an dem Reststiel zu ziehen. Dann hilft nur noch ausbohren. Das ist aber schnell erledigt, wenn man einen guten Holzbohrer zur Hand hat. Entfernen Sie beim Bohren möglichst viel Material und schlagen Sie dann das verbleibende Stück heraus. Hier werden Sie feststellen, warum ich kein Freund von Metallkeilen für die Befestigung der Stiele bin. Er ist Ihnen nämlich beim Ausbohren im Weg. Im Internet kann man die „tolle" Idee lesen, dass man in diesem Fall einfach Ausbrennen solle. Beim Ausbrennen soll die Klinge so eingegraben werden, dass nur das Auge aus der Erde schaut. Nun wird darüber ein Feuer entzündet. Das ist Stümperei und verdirbt das Eisen und solchen Pfusch sollten Sie gar nicht erst in Erwägung ziehen. Metallkeile können Sie entfernen, indem Sie zunächst ein Loch bohren und

Spannen Sie die Axt ein und drehen Sie eine Schraube in den Keil.

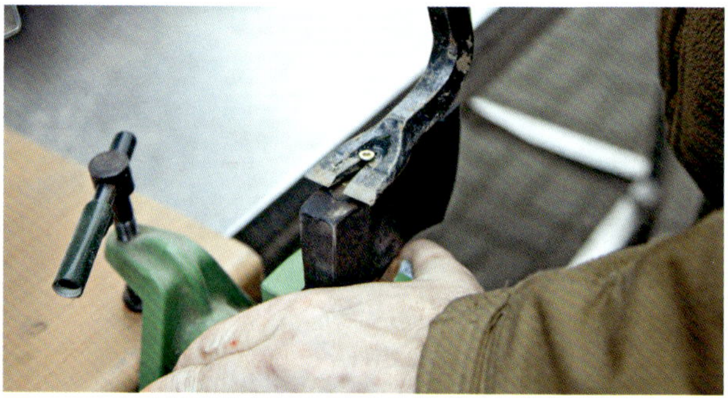

Ziehen Sie mit einem Brecheisen die Schraube mit dem Keil heraus.

Nun lässt sich das Eisen vom Stiel entfernen.

Eine gute Gelegenheit, das Eisen von Rost zu befreien.

dann eine Spax-Schraube eindrehen. Diese sind gehärtet und schneiden sich das Gewinde selbst, besonders in dem weichen Eisen der Keile. Durch die Schraube haben Sie nun Halt und können den Keil mit einem Klauenhammer oder einem Brecheisen entfernen.

Sobald das Eisen vom Holz befreit ist, sollten Sie die Innenseite des Auges mit einer Metallfeile entgraten. Jetzt können Sie sich einen passenden Ersatzstiel beschaffen. Die Augen der europäischen Äxte sind meist dreieckig, während die amerikanischen Äxte ovale Augen haben. Es ist grundsätzlich möglich, einen dreieckigen Stiel für ein ovales Auge passend zu schnitzen, aber umgekehrt geht das nicht.

Links eine europäische Axt und rechts eine amerikanische.

Aufstielen

Der Stiel einer Axt wird für zwei Dinge benötigt: Zum einen, um das Eisen in das Holz zu schlagen und zum anderen, um das Eisen wieder aus dem Holz herauszuziehen. Ein Axtstiel sollte also ausreichend stabil sein und aus Esche oder Hickory bestehen. Äxte für den Einsatz im Lebensmittelbereich besaßen früher auch Stiele aus Hainbuche, da dieses Holz antibakterielle Eigenschaften besitzt.

Gut geeignet sind die geraden Stiele, die für Kreuzhacken oder Wiedehopfhauen verwendet werden. Diese müssen dann nur noch auf Länge gesägt und in Form gebracht werden. Der Stiel sollte auf jeden Fall etwas Übermaß besitzen.

Ist das Eisen sauber vorbereitet und die Schneide zur Sicherheit mit einem Klebeband entschärft, können Sie damit beginnen, den Stiel einzupassen. Zunächst halten Sie den neuen Stil an das Auge und zeichnen mit einem Bleistift an, wo Material vom Holz entfernt werden muss. Vermeiden sie dabei abrupte Übergänge. Am Ende des Stiels können Sie ruhig eine deutliche Fase anbringen, um mit dem Holz besser in das Auge zu kommen. Der Stiel sollte auf jeden Fall ein oder zwei Zentimeter aus dem Holz herausschauen und wurde dafür in der Fabrik etwas länger hergestellt. Beim Einpassen ist es wichtig, die richtige Lage des Eisens in Bezug zum Stiel zu beachten: Die Schneide soll genau in der Mitte des Stiels liegen. Arbeiten Sie also von beiden Seiten des Holzes gleichmäßig zur Mitte. Der „Hang“ der Axt sollte bereits durch das Ausarbeiten des Stiels hergestellt werden und nicht beim Einschlagen des Keils. Setzen Sie immer wieder den Stiel probehalber einige Zentimeter in das Auge ein, denn dann drücken sich auf dem Holz die Stellen ab, die Kontakt mit dem Eisen haben. (Fortsetzung auf S. 66)

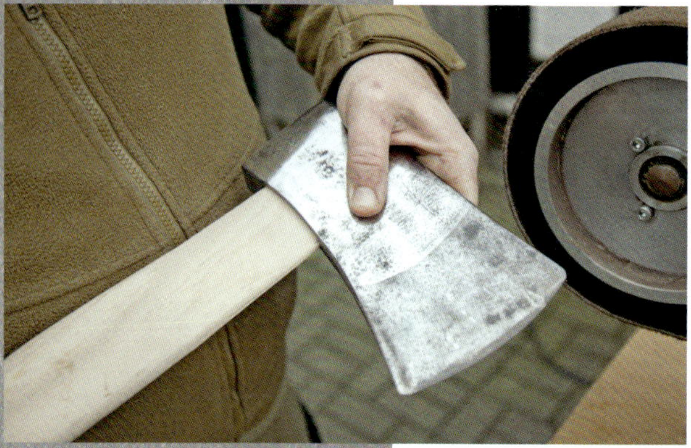

Setzen Sie den Stiel probehalber einige Zentimeter in das Auge ein.

Ziehen Sie das Holz weiter ab, bis das Eisen passt.

Hier drückt noch eine Stelle, ...

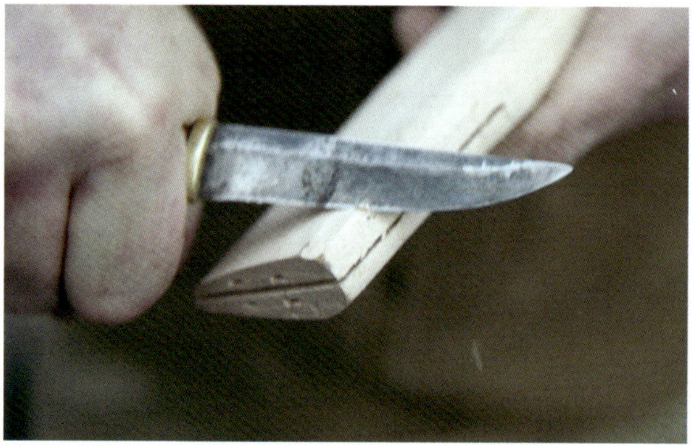

... die sich einfach wegschnitzen lässt.

Die ersten zwei Drittel des Stiels sollten bequem in das Auge passen.

Ein Holzkeil lässt sich einfach selbst schleifen.

Geben Sie einige Schläge auf das Stielende, damit sich das Eisen festsetzt.

Schlagen Sie den Keil mit Gefühl ein.

Sägen Sie den Keil und den überstehenden Stiel bündig ab.

Zum Schluss können Sie alles noch bündig abschleifen.

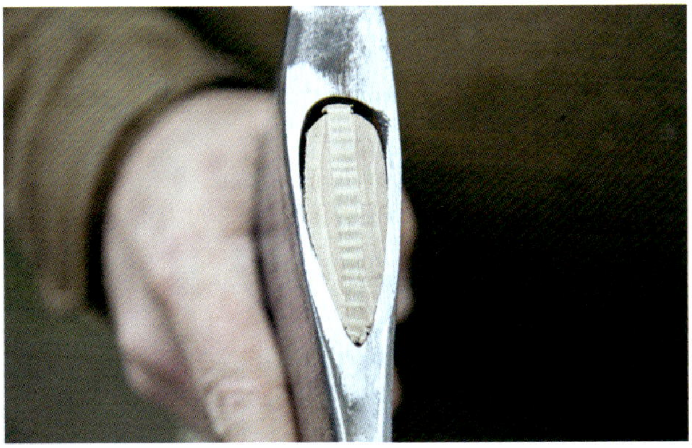

Die Axt ist fertig eingestielt.

Links: gute Maserung; rechts: schlechte Maserung (quer zur Klinge)

Passen Sie den Stiel immer und immer wieder an, damit das Holz möglichst vollflächig anliegt.

Schlagen Sie niemals mit Eisen auf Eisen, sondern nutzen Sie einen Schonhammer.

Nach dem Herausziehen sind diese besonders gut sichtbar und Sie können genau an diesen Stellen das Holz weiter abfeilen. Gleichzeitig sehen Sie bei dieser Probe auch, ob sich an dem Eisen noch irgendwo eine Stelle befindet, die hervorsteht und die Sie mit einer Metallfeile entfernen sollten. Passen Sie den Stiel immer und immer wieder an, damit das Holz möglichst vollflächig anliegt. Auf diese Weise verhindern Sie auch, dass die Klinge nach dem Einschlagen des Keils doch noch aus der Richtung kommt und nicht mehr zum Stiel fluchtet. Die ersten zwei Drittel des Stiels sollten, sobald er fertig eingepasst ist, bequem in das Auge passen.

Jetzt ist der Stiel so weit vorbereitet, dass er in das Auge eingeschlagen werden kann. Fehlt nur noch der Schlitz für den Keil. Zeichnen Sie den finalen Sitz des Eisens oben und unten an dem Holz an. So können Sie sehen, wie weit Sie den Schlitz für den Keil sägen müssen. Die Tiefe des Schlitzes sollte ⅔ der Höhe des Eisens betragen und nicht zu dünn sein. Ein nicht zu schwaches Sägeblatt mit einer ordentlichen Schränkung ist ideal, der Schlitz darf ruhig drei Millimeter breit sein. Feilen Sie mit einer Holzfeile eine grobe Kerbe, damit Sie den Keil auch gut ansetzen können.

Den Keil kann man natürlich kaufen, aber es ist befriedigender ihn einfach, billig und besser selber zu machen: Nehmen Sie am besten Buchenholz – Brennholzscheite sind ideal – und spalten Sie eine passende Leiste heraus. Dann schnitzen Sie an einem Ende einen Keil und markieren die Tiefe des Schlitzes, damit Sie beim Einschlagen wissen, wann Sie aufhören müssen. Der überstehende Teil wird später einfach abgesägt. Die volle Länge der Leiste bleibt zunächst bestehen, damit Sie den Keil besser und einfacher handhaben können. Der Keil sollte durchgehend sein und nicht nur eine kurze Fase besitzen und dann schnell dick werden.

Um das Eisen aufzuschlagen setzen Sie es auf den Stiel und geben mit einem Schonhammer einige Schläge auf das Eisen, damit es den einfachen Teil des Weges rutscht. Dann fassen Sie mit der linken Hand den Stiel am unteren Ende und schlagen mit einem Holzhammer auf das Ende des Stiels. Durch die eigene Masseträgheit setzt sich das Eisen.

Tipp

Denken Sie immer daran, dass es die gleiche Arbeit macht, eine Axt auf einen schlechten Stiel wie auf einen guten Stiel zu setzen.

Auf keinen Fall dürfen Sie das Eisen auf die Erde oder einen Amboss stellen und den Stiel hineintreiben, dabei wird das Eisen beschädigt und der Stiel kann aus der Richtung kommen. Kontrollieren Sie den Sitz des Eisens hinsichtlich Flucht und Hang. Jetzt können Sie den Keil einschlagen: Setzen Sie die Axt mit dem Stielende auf die Erde und schlagen Sie den Keil ganz leicht ein, sodass er gerade so feststeckt. Für den Rest des Weges halten Sie die Axt mit der linken Hand frei in der Luft und treiben den Keil mit lockeren Schlägen ein. Viele Schläge mit Gefühl führen hier zu einem besseren Ergebnis, als ein brutaler Schlag nach dem Motto „Hau den Lukas". Dabei verkantet man ihn sehr leicht und der Keil würde abbrechen. Außerdem kann die Axt beim Aufsetzen auf einen festen Untergrund zurückprellen und dabei das Eisen wieder lösen.

Viele Schläge mit Gefühl führen zu einem besseren Ergebnis.

Sobald der Keil bis zur Markierung eingeschlagen ist, kontrollieren Sie noch einmal Hang und Flucht und sägen nun Keil und Stiel zusammen ab. Sie können entweder bündig absägen und die Reste vom Stiel dann am Bandschleifer mit dem Eisen bündig schleifen, oder Sie lassen das Holz einfach zwei bis drei Millimeter aus dem Auge herausschauen.

Als Abschluss säubern Sie das Eisen und das Holz, schnitzen mit einem scharfen Messer evtl. abgeschabte Löckchen an der Unterseite des Eisens weg und schärfen und fetten das Eisen. Einen Axtstiel sollten Sie niemals lackieren, da diese glatte Oberfläche nicht so gut in der Hand liegt wie das natürliche Material.

Stiele anfertigen

Perfektionisten wollen sich den Stiel vielleicht nicht im Geschäft kaufen, sondern aus dem vollen Holz selber bauen. Früher haben die Holzhauer ganz selbstverständlich bei Schlechtwetter die Stiele für ihr Werkzeug angefertigt.

Hickory ist zwar das beste Holz für Axtstiele, wächst hier aber nicht. Man kann auch die zähe Esche verwenden. Weiterhin eignen sich Hainbuche, Feldahorn (Maßholder), Robinie, Vogelbeere, Elsbeere, Kirsche, Apfel und Pflaume. Weniger geeignet sind Birke, Rotbuche und Eiche.

Wenn Sie kein Hickory-Holz bekommen, dann nutzen Sie heimische Esche.

Das Holz muss für den Stiel zäh, dauerhaft und leicht sein. Zudem sollte es auch gut zu spalten sein und federn, also elastisch sein. Diese Anforderungen erfüllen nur bestimmte Bäume und bei der Suche nach dem besten Holz sollte man nach folgenden Dingen Ausschau halten: Das zäheste Holz an einem Stamm ist immer der Splint (das junge Holz unterhalb des Kambiums im Stamm), welcher noch zäher als das Kernholz ist. Weiterhin

Man arbeitet einen Stiel immer von innen nach außen aus.

ist es wichtig, dass in einem Axtstiel möglichst viele Jahresringe vorhanden sind, daher eignet sich das Holz von langsam wachsenden Bäumen auf mageren Standorten oder von unterdrückten Bäumen am besten. Je dicker die Stammrolle, aus der ein Stiel gewonnen wird, desto gerader verlaufen die Jahresringe im Stiel und desto stabiler ist er. Wichtig ist, dass man möglichst viel Splintholz für den Stiel verwendet, man arbeitet sich also von innen nach außen an den Stiel heran. Außerdem sollten möglichst viele Jahresringe auf ganzer Länge unbeschädigt durchlaufen.

Die groben Stammstücke werden dann mit der Axt zugehauen, damit möglichst viel Material vom frischen Holz entfernt wird. Das hat drei Vorteile: Erstens lässt sich frisches Holz leichter bearbeiten, zweitens muss man kein Holz transportieren, das sowieso entfernt wird, und drittens trocknet der Stiel schneller.

Beim sogenannten „Treppenschlagen" wird der Stamm eingekerbt. Das hat den Vorteil, dass es beim nachfolgenden Entfernen des Holzes immer nur bis zur nächsten Einkerbung reißt. Dadurch verhindert man, dass der Span aus der Richtung läuft. Auf diese Art wird rundum das überflüssige Holz weggenommen und die Rinde wird entfernt, ohne zu viel von dem Splintholz wegzuschlagen.

Zum Trocknen werden die „Stiele" aufgehängt, dazu wird in die Stirnseite ein Nagel oder eine Krampe eingeschlagen. Man kann auch an beiden Seiten eine Krampe einschlagen und ein Gewicht – zum Beispiel einen Ziegelstein – an das untere Ende hängen. Dadurch wird verhindert, dass sich der Stiel verzieht. Damit der Stiel beim Trocknen nicht reißt, kann man die Schnittflächen oben und unten in geschmolzenes Kerzenwachs tauchen. Dazu werden einfach alte Kerzenstummel in einer Dose geschmolzen. Außerdem sollte der Platz zum Trocknen schattig sein, damit das Holz langsam trocknet und nicht reißt. Die Stiele brauchen etwa ein Jahr, bis sie richtig durchgetrocknet sind – zwei Jahre Lagerung schaden aber auch nicht.

Ist das Holz schön trocken, geht es an die Form. Für das Aufzeichnen auf den getrockneten Rohlingen fertigt man entweder eine Schablone an, oder man benutzt einen anderen Stiel. Hierbei sollte man sich Zeit

Das Aufzeichnen der Stielform auf einem getrockneten Rohling.

lassen und in aller Ruhe probieren, damit die Form optimal aufgelegt wird und beim weiteren Arbeiten möglichst wenige Jahresringe zerschnitten werden. Um die Maserung besser sehen zu können, feuchtet man das Holz mit einem nassen Lappen an.

Nun muss das überflüssige Holz entfernt werden. Hat man keine Säge (Bandsäge, Stichsäge) zur Verfügung, mit der man die geschwungene Form aussägen kann, sägt man mehrfach rechtwinklig ein. Das überflüssige Holz wird dann mit der Axt weggeschlagen. Die rechtwinkeligen Einschnitte helfen dabei und verhindern ein unkontrolliertes Ausreißen.

Sind die Ober- und Unterseite des Stieles bündig zu Ihrer Markierung ausgeformt, können Sie beginnen, die Kanten zu brechen und die Seiten zu bearbeiten. Damit der Stiel gerade wird, markiert man am besten die Mitte auf der Ober- und Unterseite mit einem Strich, auf den man gut zuarbeiten kann.

Nach dieser Arbeit kommt der Schabhobel zum Einsatz. Mit ihm wird dem Stiel die endgültige Form gegeben. Für die Feinarbeit eignet sich eine frisch gebrochene Glasscherbe (die Flasche können Sie in einer Plastiktüte zerschlagen) oder eine Ziehklinge, die exakt rechtwinklig geschliffen wird. Es gibt auch Ziehklingen, die abgerundet sind und für die Arbeit an einem runden Stiel besser geeignet sind als eine rechteckige Klinge.

Nun wird er Knauf zurechtgeschnitten und Sie können Ihren selbstgemachten Stiel abschleifen und ölen oder führen Sie einen Ölschliff (siehe Seite 71) aus.

Einen Stiel modifizieren

Ab Werk werden Äxte – auch die guten Marken – meist mit richtigen Keulen ausgestattet. Ein Stiel soll nur dazu dienen, die Axt wieder aus dem Holz zu ziehen. Bei einem richtig ausgeführten Schlag hat er nichts außer Zugkräfte aufzunehmen, dafür braucht er nicht so dick zu sein. Vor dem Beginn der Arbeiten bekleben Sie die Schneide mit Klebeband, um sie zu entschärfen. Dann müssen Sie die Linien, innerhalb der Sie arbeiten möchten, mit Bleistift anzeichnen, nur dann wird der Stiel auch schön symmetrisch. Mit einer groben Raspel arbeiten Sie auf die Markierungen zu. Achten Sie am Eisen auf runde Übergängen. Sobald die äußere Form

Für ungewöhnliche Axtformen arbeitet man handelsübliche Stiele um.

Links der fertig modifizierte Stiel, rechts der deutlich dickere Originalstiel

einigermaßen hergestellt ist, entfernen Sie die Spuren der Raspel mit einer Holzfeile. Der nächste Schritt ist die Arbeit mit einer Ziehklinge, wobei Sie aber auch gleich auf grobes Sandpapier übergehen können. Dann wird der Stiel mit Sandpapier in immer feinerer Körnung geglättet. Arbeiten Sie nur mit frischem, scharfem Sandpapier, das Sie oft wechseln, wenn es sich zusetzt. Zum Schluss sollten Sie eine 320er Körnung verwenden. Wässern Sie das Holz mit einem nassen Schwamm, damit sich die Fasern aufrichten. Nach dem Trocknen schleifen Sie diese auch noch ab. Dann können Sie einen Ölschliff auftragen (siehe Seite 71)

Wenn Sie einen lackierten Stiel besitzen, dann können Sie diesen verbessern, indem Sie den Lack abbeizen und den Stiel anschließend mit Sandpapier abschleifen. Das geht am besten vor dem Einsteilen, da Sie dann besser an den Übergang zum Eisen kommen und das Metall nicht von der Beize angegriffen werden kann.

Wenn Sie aber eine Axt mit einem lackierten Stiel gekauft haben, dann nutzen Sie zum Entfernen des Lacks am besten eine Ziehklinge. Diese ist zwar nicht einfach zu benutzen, aber erzielt die besten Ergebnisse. Die Klinge setzen Sie rechtwinklig auf das Holz und neigen Sie etwa 10° zu sich hin. Dann ziehen Sie sie in einer langen, geschmeidigen Bewegung auf sich zu und über das Ende des Holzes hinweg. Jedes Absetzen zwischendurch kann unschöne Unterbrechungen auf dem Holz zurücklassen. Hinter der Klinge sollten sich kleine Kringelchen vom Holz bilden. So bearbeiten Sie den Stiel rundum, bis der Lack entfernt ist und das blanke Holz zutage tritt. Entfernen Sie auch die Holzschichten, die von Klarlack getränkt sind. Wo noch Lackschichen stehen bleiben, dringt das Öl später nicht in das Holz ein.

Mit 180er Sandpapier und immer in Längsrichtung arbeitend entfernen Sie alle Lackreste. Dann wechseln Sie zu 240er Sandpapier und schleifen wieder in Längsrichtung. Um die niedergedrückten Holzfasern aufzurichten, die sich nicht abschleifen lassen, wässern Sie das Holz kurz mit einem nassen Schwamm. Sofort fühlt sich das Holz wieder rau an. Nach dem Trocknen schleifen Sie erneut mit dem 240er Sandpapier. Dieses Wässern und Schleifen wiederholen Sie so lange, bis sich der Schaft nicht mehr rau anfühlt. Sie sollten den fertig geschliffenen Stiel mit gekochtem Leinöl oder Schaftöl einreiben. Viele dünne Schichten über einen längeren Zeitraum sind besser als eine dicke Schicht, die ohnehin wieder abläuft. Jetzt ist der Stiel deutlich besser als ein lackierter.

Ölschliff

Die beste und natürlichste Schutzschicht ist ein gut gemachter Ölschiff. Dazu brauchen Sie aus der Apotheke Kieselgur (Diatomeenerde) oder Schlämmkreide, beides feine Poliermittel, und Leinöl oder Schaftöl für Gewehrschäfte. Geben Sie etwas Öl auf ein Stück Filz oder Tuch, tauchen Sie es in die Schlämmkreide und reiben Sie damit den Stiel ein. Immer in langen, gleichmäßigen Bewegungen und mit etwas Druck. Das Öl dringt langsam in das Holz ein und die Schlämmkreide bzw. das Kieselgur poliert das Holz. So nimmt das Holz einen seidenmatten Glanz an, ohne dass die Poren verkleben.

Der Schlüssel zum Erfolg liegt in der Zeit: Immer nur wenig Öl auf einmal auftragen und dann einen Tag einziehen lassen. Am nächsten Tag wiederholen, bis nach zwei bis drei Wochen die Schicht glänzt und wasserabweisend ist.

Sicherheitshinweis

Baumwolllappen mit Resten von Leinöl können sich von selbst entzünden, weil sie beim Oxidieren an der Luft heiß werden und den Flammpunkt überschreiten. Legen sie die Lappen ausgebreitet auf eine Stelle, an der sie keinen Schaden anrichten können.

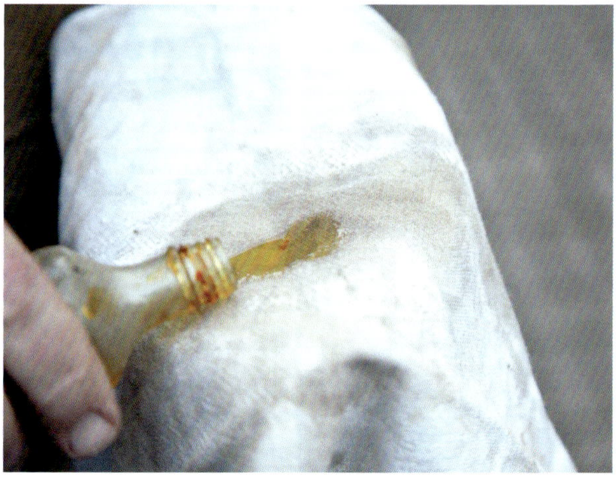

Geben Sie etwas Öl auf einen Lappen und tauchen Sie ihn in die Schlämmkreide.

Das Holz nimmt einen seidenmatten Glanz an.

Herstellung einer Axt

Wer an schwedische Äxte denkt, der denkt eigentlich nur noch an die Schmiede von Gränsfors Bruks. Bei einer Schmiede denkt jeder unwillkürlich an Siegfried den Schmied, der im Halbdunkel unter geheimen Beschwörungsformeln vor sich hin dengelt. Das klingt zwar romantisch und würde auch zu dem rustikalen Äußeren der Äxte von Gränsfors Bruks passen, aber es passt nicht zu den Anforderungen an eine moderne Produktion mit hohen Personalkosten. So lassen sich keine 65.000 Äxte im Jahr – also mehr als 300 am Tag – produzieren.

Eine moderne Produktion schafft über 300 Äxte am Tag.

Die Maschinen

Die Maschinen für die Axtproduktion stammen teilweise aus den 1930er Jahren, also einer Zeit, in der Äxte noch benutzt wurden und die Produktion entsprechend hoch war. Es handelt sich um sogenannte Exzenterpressen, die nicht mit einem Schlag arbeiten wie ein Gesenkhammer, sondern die zwei Gesenke zusammendrücken wie ein Waffeleisen. Bei diesen großen Pressen sind gleich mehrere Gesenke und Formen nebeneinander angebracht. Der obere Stempel bewegt sich selbständig und kontinuierlich auf und ab.

Das Ausgangsmaterial besteht aus Metallstangen, die in großen Mengen und gleichbleibender Qualität eingekauft werden. Nur durch immer gleiches Ausgangsmaterial kann der Produktionsprozess optimiert werden und ein gleichmäßiges Endprodukt mit definierten Eigenschaften ist die Folge.

Der Schmied führt das Metall von rechts nach links durch die verschiedenen Werkzeuge.

Neben der Presse wird das Metall zunächst in einer Induktionsspule erhitzt. Diese funktioniert mit Strom und heizt lediglich das Metall in der Mitte auf, die Spule bleibt völlig kalt. Sobald sich die Metallstange erhitzt hat, schiebt der Schmied sie nach vorne an einen Anschlag und die Presse schrotet ein passendes Stück ab, das auch gleich die richtige Schmiedetemperatur besitzt. Es rutscht über eine Rutsche dem Schmied quasi in die Zange. Dieser führt es unter den verschiedenen Werkzeugen hindurch, wobei es zunächst gelocht wird. Dieses „Lochen" ist besonders schwierig und erfolgt daher am sehr heißen Werkstück. Dann werden die Ohren an das Eisen geschmiedet, das Ganze in Form gebracht und die Schneide ausgezogen. Zu guter Letzt wird die Schneide vorne abgeschrotet und erhält somit ihre Form. Ein paar Hammerschläge und die Klinge ist gerichtet.

Die noch weichen Klingen werden mit grobem Schleifband vorgeschliffen und dann gehärtet. Die Klingen werden an ein Laufband gehängt und fahren dann langsam durch eine Induktionsschleife, um dann in einem Wasserbad abgeschreckt zu werden. Im Anschluss fährt die Klinge durch einen Wärmeofen, um auf Anlasstemperatur gebracht zu werden. Die Zunderschicht wird dann im Trowal-Verfahren entfernt. Zum Schärfen der Schneide wird nur noch ein feines Schleifband und eine Polierscheibe benötigt und die Klinge ist rasiermesserscharf.

Die alten und bewährten Exzenterpressen.

Das Metall wird in der Induktionsspule erhitzt.

Das Ende wird abgeschrotet und rutscht zum Schmied.

Der Schmied bewegt das Eisen von Werkzeug zu Werkzeug.

An Bandschleifern erhalten die Schneiden ihre erste grobe Kontur.

Durch diese Anlage laufen die Eisen und werden gehärtet und dann abgeschreckt.

Im nächsten Ofen werden die Klingen angelassen.

Die Klingen nach dem Gleitschleifen.

Hier hängen die Muster, mit denen die Härteanlage eingestellt wird.

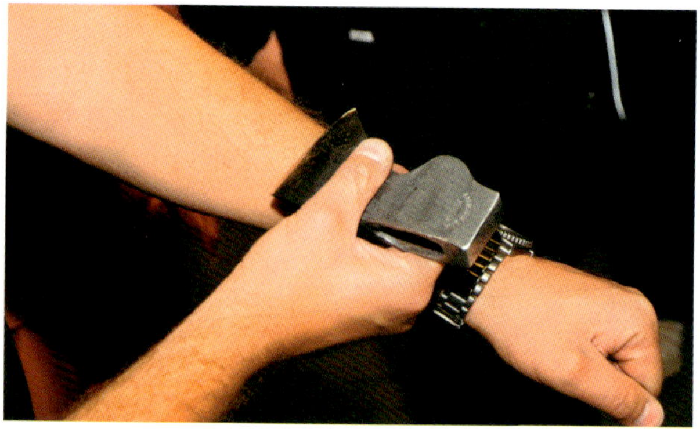

Nach dem Feinschleifen und Polieren ist die Klinge haarscharf.

In der Holzwerkstatt

Zu einer Axt gehört ein guter Stiel. Das weiß jeder, aber bei Gransfors Bruks legt man noch besonderen Wert darauf. Da das Holz nicht unter einer dicken Lackschicht verborgen wird, bleibt ihnen auch nichts anderes übrig, als gutes Ausgangsmaterial zu verwenden. Die Stiele bestehen aus ausgesuchtem amerikanischem Hickory-Holz und werden lediglich mit Leinöl behandelt. So sind sie auch mit nassen Händen schön griffig.

Zum Aufstielen werden Eisen und Stiel locker zusammengesetzt und dann mit einer Hydraulikpresse zusammengepresst. Der Keil wird mit Holzleim eingestrichen und zunächst mit dem Hammer eingeschlagen, um dann ebenfalls mit einer Presse eingedrückt zu werden.

Ein Blick in das Stiellager.

Die Stiele werden mit einer hydraulischen Presse ins Eisen gedrückt.

Der Keil wird eingesetzt.

Ein Blick in das Versandlager.

Das Drumherum

An die Produktionswerkstatt gliedert sich die Lehrschmiede mit mehreren Feuern, in der Besucher das Schmieden lernen können, an. Dort werden auch von einer angestellten Schmiedin die Sonderformen hergestellt. Auf der anderen Seite der Produktionsstätte befindet sich das Versandlager, aus dem heraus der Weltmarkt mit den Produkten der Schmiede beliefert wird. Zu der Schmiede gehört auch ein Ausstellungs- und Verkaufsraum – der Himmel für Axt-Liebhaber und Waldläufer.

Sollten Sie irgendwann einmal in der Nähe der Schmiede sein, dann müssen Sie unbedingt vorbeischauen.

Sonderanfertigungen werden in der Lehrschmiede gefertigt, an der Wand hängen die Formen.

Glossar

Axt: Ein Werkzeug mit einem relativ langen Stiel, der mit zwei Händen gefasst wird.

Auge: Siehe Öhr.

Ballig: Die Schneide einer Axt ist immer ballig, also mit einem Radius geschliffen. Die Gründe sind, dass die Schneide dadurch erstens haltbarer, weil dicker, wird und zweitens nicht im Schnitt klemmt, da die Auflage- oder Klemmfläche immer nur ein Punkt und nie eine Fläche ist.

Beil: Ein Werkzeug mit einem relativ kurzen Stiel, der mit einer Hand gefasst wird.

Blatt: Der eigentliche Teil der Axt, der die Schneide trägt, im Gegensatz zum Haupt. Besonders wichtig ist die Geometrie des Blattes. Der höchste Punkt sollte im hinteren oberen Drittel liegen, nur dann hat die Axt im Holz immer nur einen Punkt als Auflage und somit nur eine kleine Klemmfläche.

Eisen: Die Axtklinge an sich, im Gegensatz zum Stiel, der aus Holz gefertigt ist.

Ferse: Die Ecke der Schneide, die dem Stiel zugewandt ist.

Gleitstück: Das Mittelstück des Axtstieles, an dem die Führhand beim Hieb auf- und niedergleitet.

Hang: Der Winkel zwischen Schneide und Stiel. Der Hang sollte immer so gewählt werden, dass die Schneide mit der Ferse näher am Stiel ist als mit der Zehe, nur dann schneidet die Axt beim Eintauchen in das Holz.

Haupt: Der Teil der Axt, der den Nacken und das Haus umfasst, im Gegensatz zum Blatt.

Haus: Der Metallteil der Axt, der das Öhr umschließt.

Kappe: Auch Nacken genannt. Die Rückseite der Axt, die auch zum „Hämmern" genutzt werden kann.

Keil: Ein Holz- oder Metallkeil, der in den Stiel getrieben wird, um das Eisen am Platz zu halten. Der Keil verhindert, dass das Eisen vom Stiel rutscht.

Knauf: Der hintere Abschluss des Stiels. Der Knauf sorgt dafür, dass die Hand sicherer greifen kann. Die Form des Knaufes ist aber auch darauf abgestimmt, beim Aufstielen der Axt als Schlagfläche zu dienen. Dafür ist er am unteren Ende flach abgesägt.

Nacken: Die Schlagfläche auf der Seite, die der Schneide entgegengesetzt ist. Der Nacken ist – anders als beim Hammer – nicht gehärtet und daher sollte man damit auch nur Holz- oder Aluminiumkeile eintreiben.

Öhr: Der Teil im Haus der Axt, der den Stiel aufnimmt. Bei den europäischen und den amerikanischen Axtformen gibt es zwei grundsätzliche Unterschiede: Die amerikanischen Öhre sind oval, die europäischen im weitesten Sinne dreieckig.

Schliff: Der geschliffene Teil des Blattes, der relativ glatt ist, um im Holz wenig Energie durch Reibung zu verlieren.

Schneide: Der geschärfte Teil der Axt. Die Schneide sollte etwa zwölf Zentimter lang sein. Eine Axt mit einer Schneidenlänge von mehr als fünfzehn Zentimetern kann nicht gut benutzt werden. Bei einer runden Schneide sollte die Rundung nicht weiter als einen Zentimeter über die gedachte Verbindungslinie zwischen Zehe und Ferse gehen.

Schneidekante: Der scharfe Teil der Schneide.

Stiel: Der Griff einer Axt oder eines Beiles.

Wange: Die Seiten der Axtklinge.

Zehe: Die vordere Ecke der Schneide.

Die starke Reihe bei HEEL

Land & WERKEN

136 Seiten, zahlreiche Farbfotos,
153 x 229 mm, gebunden
EUR 14,99
ISBN 978-3-95843-232-1

260 Seiten, zahlreiche Farbfotos,
183 x 225 mm, Hardcover
EUR 19,99
ISBN 978-3-95843-172-0

128 Seiten, über 260 Farbfotos,
183 x 225 mm, Paperback
EUR 14,99
ISBN 978-3-95843-218-5

128 Seiten, zahlreiche Farbfotos
183 x 225 mm, Paperback
EUR 14,99
ISBN 978-3-95843-579-7

120 Seiten, zahlreiche Farbfotos,
183 x 225 mm, Paperback
EUR 14,99
ISBN 978-3-96664-017-6

96 Seiten, zahlreiche Farbfotos,
183 x 225 mm, Paperback
EUR 12,99
ISBN 978-3-95843-952-8

112 Seiten, zahlreiche Farbfotos,
183 x 225 mm, Paperback
EUR 12,99
ISBN 978-3-95843-180-5

112 Seiten, zahlreiche Farbfotos
183 x 225 mm, Paperback
EUR 12,99
ISBN 978-3-96664-124-1

208 Seiten, zahlreiche Farbfotos,
183 x 225 mm, Hardcover
EUR 19,99
ISBN 978-3-86852-685-1

128 Seiten, zahlreiche Farbfotos,
183 x 225 mm, Paperback
EUR 14,99
ISBN 978-3-95843-327-4

ca. 80 Seiten, zahlreiche Farbfotos,
183 x 225 mm, Paperback
EUR 9,99
ISBN 978-3-95843-179-9

160 Seiten, zahlreiche Farbfotos
183 x 225 mm, Paperback
EUR 16,99
ISBN 978-3-95843-771-5

Unser komplettes Programm erhalten Sie in jeder Buchhandlung und unter www.heel-verlag.de
HEEL Verlag GmbH | Gut Pottscheidt | 53639 Königswinter